孟繁华　主编

百年百部中篇正典

命案高悬　胡学文

云端　马晓丽

双驴记　王松

北方联合出版传媒(集团)股份有限公司
春风文艺出版社
·沈阳·

图书在版编目（CIP）数据

双驴记/王松著. 云端/马晓丽著. 命案高悬/
胡学文著. —沈阳：春风文艺出版社，2018.7
（2022.1重印）
（百年百部中篇正典/孟繁华主编）
ISBN 978 - 7 - 5313 - 5504 - 5

Ⅰ. ①双… ②云… ③命… Ⅱ. ①王… ②马… ③胡
… Ⅲ. ①中篇小说 — 小说集 — 中国 — 当代 Ⅳ.
①I247.5

中国版本图书馆CIP数据核字（2018）第146231号

北方联合出版传媒（集团）股份有限公司
春风文艺出版社出版发行
http://www. chunfengwenyi. com
沈阳市和平区十一纬路25号　邮编：110003
北京一鑫印务有限责任公司印刷

选题策划：单瑛琪　　　　　　责任编辑：姚宏越
封面设计：琥珀视觉　　　　　　责任校对：于文慧
印制统筹：刘　成　　　　　　幅面尺寸：145mm × 210mm
字　　数：152千字　　　　　　印　　张：6.25
版　　次：2018年7月第1版　　印　　次：2022年1月第4次
书　　号：ISBN 978-7-5313-5504-5
定　　价：31.00元

百年中国文学的高端成就

——《百年百部中篇正典》序

孟繁华

从文体方面考察，百年来文学的高端成就是中篇小说。一方面这与百年文学传统有关。新文学的发轫，无论是1890年陈季同用法文创作的《黄衫客传奇》的发表，还是鲁迅1921年发表的《阿Q正传》，都是中篇小说，这是百年白话文学的一个传统。另一方面，进入新时期，在大型刊物推动下的中篇小说一直保持在一个相当高的水平上。因此，中篇小说是百年来中国文学最重要的文体。中篇小说创作积累了极为丰富的经验，它的容量和传达的社会与文学信息，使它具有极大的可读性；当社会转型、消费文化兴起之后，大型文学期刊顽强的文学坚持，使中篇小说生产与流播受到的冲击降低到最低限度。文体自身的优势和载体的相对稳定，以及作者、读者群体的相对稳定，都决定了中篇小说在消费主义时代能够获得绝处逢生的机缘。这也让中篇小说能够不追时尚、不赶风潮，以"守成"的文化姿态坚守最后的文学性成为可能。在这个意义上，中篇小说很像是一个当代文学的"活化石"。在这个前提下，中篇小说一直没有改变它文学性的基本性质。因此，百年来，中篇小说成为各种文学文体的中坚力量并塑造了自己纯粹的文学品质。中篇小说因此构成百年文学的奇特景观，使文学即便在惊慌失措的"文化乱世"中也取得了令人瞩目的艺术成就，这在百年中国的文化语境中不能不说是一个奇迹。作家在诚实地寻找文学性的同时，也没有影响他们对现实事务介入的诚恳和热情。无论如何，百年中篇小说代表了百年中国文学的高端水平，它所表达的不同阶段的理想、追求、焦虑、矛盾、彷徨和不确定性，都密切地联系着百年中国的社会生活和心理经验。于是，一个文体就这样和百年中国建立了如影随形的镜像关系。它的全部经验已经成为我们最重要的文学财富。

编选百年中篇小说选本，是我多年的一个愿望。我曾为此做了多年准备。这个选本2012年已经编好，其间辗转多家出版社，有的甚至申报了国家重点出版基金，但都未能实现。现在，春风文艺出版社接受并付诸出版，我的兴奋和感动可想而知。我要感谢单瑛琪社长和责任编辑姚宏越先生，与他们的合作是如此顺利和愉快。

入选的作品，在我看来无疑是百年中国最优秀的中篇小说。但"诗无达诂"，文学史家或选家一定有不同看法，这是非常正常的。感谢入选作家为中国文学付出的努力和带来的光荣。需要说明的是，由于版权和其他原因，部分重要或著名的中篇小说没有进入这个选本，这是非常遗憾的。可以弥补和自慰的是，这些作品在其他选本或该作家的文集中都可以读到。在做出说明的同时，我也理应向读者表达我的歉意。编选方面的各种问题和不足，也诚恳地希望听到批评指正。

是为序。

2017年10月20日于北京

目　录

双 驴 记

王 松

　　直到若干年后，马杰才告诉我，他终于真正了解了驴这种畜生。他是在大学里学到这些知识的。他读的是农学院。这让我很不理解。我和马杰同是 1977 年参加高考，而且在同一考点的同一考场。但后来，我去师范大学数学系报到时才听说，他竟然考去了农学院的牧医系。说牧医好听一些，其实就是兽医。那时电话还不普及，农学院又在市郊，交通很闭塞，所以直到上大三时我才给他写了一封信。我在信中对他选择这种专业表示不解。那时还是计划经济，大学里包分配，这个说法今天的大学生未必能懂，也就是毕业后学校负责分配工作，因此一旦学了什么专业也就如同嫁人，注定一辈子要从事这种工作。我在信中对他说，农学院，又是牧医系，将来的去向可想而知，大城市里的骨科医院或妇产科医院自然不能为牲畜治病，难道你去农村插队几年，在那种地方还没有待够吗？我又在信上说，你对哺乳类动物感兴趣不一定非要学兽医，人也是哺乳动物，你完全可以去读医学院。

当时我想，我在信中的言辞可能过激了一些，而且事已至今，再说这些话也没什么意义，当然，马杰也未必会以为然。马杰一向是个很自信的人，无论什么事都有自己的主见。几天以后的一个上午，我刚下课，系办公室的老师来叫我，说有我的电话。我立刻猜到了，应该是马杰，别人找我不会把电话打到系里去。果然是他。他的情绪听上去很好，说话还是那样不紧不慢。我在心里想象着，他这时大概正穿着一件肮脏的白大褂或扎着一条黑皮围裙，刚摆弄完一只什么动物。我似乎已经闻到，从电话的那一端传来一股腥臊气味。果然，他告诉我，他是在解剖教室打来的电话，他们刚刚解剖了一头驴。你能想到吗，这是一头成年雄性亚洲驴，而且还是活体。他并没有提那封信的事，听上去似乎颇为得意。他说，看来我过去真没猜错，驴确实是一种不可思议的动物，从解剖学的意义讲，它还是马的一个亚种呢。他说话的口气已明显跟过去不大一样，似乎有了些学院派的味道。接着，他又说，马的学名叫 Equus caballus，而驴的学名则叫 Equus asinus，由此可见，它们应该同属哺乳纲，但后者却是马科马属，驴亚属。马杰这样说着，似乎在电话里笑了一下，当然，如果在野生环境里，驴这个亚属应该更适于生存，因为它们的耐力和生命力都要优于马，比如寿命，马是三十年，驴却可以四十年甚至更长。而且，他又意味深长地说，它们的智商也的确很高，比你想象的还要高。

我忽然有些伤感。我终于明白了，马杰对过去的事还一直耿耿于怀。

其实我对驴也并不陌生。早在农村插队时，我就知道，驴作为牲畜是分为两种的，一种是草驴，另一种则是叫驴，其中草驴是雌性，而叫驴泛指雄性。当然，这些也都是马杰讲给我的。我和马杰插队并不在一个村。他在北高村，我在南高村。那时他经常去公社粮站拉草料，每次路过我们村都要来集体户里坐一坐。他还告诉我，驴的后代也分为两种，一种是驴，另一种就是骡子。骡子自己是不能生育的，要由驴和马来交配。当然，马也分两种，儿马和骒马，前者雄而后者雌。叫驴与骒马配出的是驴骡子，草驴与儿马配出的则是马骡子。由此可见，马杰说，牲畜之间所形成的关系链与人相似，也是以雄性为主，应该属于父系社会。那时我就搞不懂，马杰也生长在城市，他的这些知识究竟是从哪里来的？

后来因为一件事，竟然连北高村的当地人对他也很服气。

这件事很奇怪，至今想起来仍然令人感到不可思议。当时北高村有一个绰号叫大茄子的女人，由于下体溃烂病死了，据说这女人很放荡，性欲也很旺盛，丈夫死后经常跟村里的男人胡搞，很可能因此才得了这样一种脏病。大茄子的死并没有什么奇怪，奇怪的是她的女儿。她的女儿叫彩凤。彩凤去墓地埋葬了她母亲大茄子，一回来突然就精神失常了。她的这种精神失常极为罕见，虽然神志不清，语言混乱，但说话的口气和腔调却似乎都已不是她自己，而是酷似她的母亲大茄子，一个二十岁左右的姑娘竟能说出一些不堪入耳的话来。村里人立刻感到很惊骇，认为她是被大茄子的鬼魂附了体。后来有人说，彩凤很可能是得了壮科。所谓壮科，在中医讲也就是癔病。但当地人对这种病症却有另外一种解释，认为是被一种叫黄鼬的野物迷住了。据当时一起去墓地的人回忆，彩凤在回来的路上曾去过田边一间废弃的土屋里小解，如果她真的是被黄鼬迷住，应该就在那里。

尽管大家这样猜测，却并没有人敢去看一看。

　　马杰听说此事，当即就去了村外的那间土屋。

　　那间田边的土屋曾是用来浇水的泵房，由于闲置多年早已没有门窗，屋顶和坯墙也都已破败不堪。马杰走进来仔细搜寻了一阵，果然就在墙角的一堆干草里发现了一窝吱吱乱叫的黄鼬。这窝黄鼬还很小，刚长出茸茸的皮毛，看上去就像一堆黄色的棉花球。它们的父母大概是听到动静逃走了或出去觅食还没有回来。马杰蹲下看了一阵，就去端来一杯水，又在水里滴了一些地瓜烧酒，然后喷到这些小黄鼬的身上。当时村里人都感到疑惑，不知马杰这是在干什么。但是当天夜里，人们就都明白了。在那天深夜，两只大黄鼬悄悄地潜回来。它们突然闻到小黄鼬的身上有了一种奇怪的异味，就满腹狐疑地不敢再去接近，只是围着这些嗷嗷待哺的幼崽来回转着不停地叫。就这样，那窝小黄鼬和两只大黄鼬高一声低一声地整整叫了一夜。第二天一早，村里的大队书记就来找马杰。北高村的大队书记姓胡，因为长了一脸络腮胡须，都叫他胡子书记。胡子书记在这个早晨闯进知青集体户，问马杰究竟对那些黄鼬干了什么，说再让它们这样叫下去恐怕村里还要出事。马杰听了并没有说话，立刻又来到那间土屋。他先用铁锹将那窝小黄鼬铲出来，然后浇上柴油，划一根火柴就点燃起来。当时的情形可想而知。黄鼬这种动物的皮毛里积存着很多油脂，被火一烧就哗哗地冒出来，这些小黄鼬立刻被烧得一边惨叫着一边乱爬，如此一来橘黄色的火焰也就越烧越旺。正在这时，突然又发生了一件更令人意想不到的事情。就在那些小黄鼬在火里吱吱惨叫时，突然从田野深处窜来两团黄乎乎的东西，还没等人们反应过来，它们就以快得难以想象的速度钻进火里。火堆的上空立刻腾起两团冒着黑烟的火焰。直到这时，人们才看清楚，竟然是那两只大黄鼬。它们显然想从火里将那些小黄鼬叼出来，但此时的小黄鼬虽然还在吱吱惨叫，身上却都已喷出耀眼的火苗，大黄鼬刚叼到嘴里这团火苗就散落开，变成一摊黏稠的油脂流淌到地上。这时两只大黄鼬的身上也都已着起火来，这火燃烧着还发出一种奇怪的声响。接着，它们很快就在火里安静下来。它们先是将身体紧紧靠在一起，然后揽过那几只小黄鼬用力掩在自己的身下，就这样趴在火里不动了。这堆大火足足烧了有一支烟的时间。因为当时胡子书记点燃一支烟，却没有顾上去吸，就那样愣愣地举着，直到他发觉烧了手，这堆大火才渐渐熄灭下去。也就在这个上午，人们发现，彩凤的神志也清醒过来。

其实马杰初到北高村时并不起眼。包括胡子书记在内，村里人都以为他只是个很普通的知青。但是，这件事以后，人们立刻对他刮目相看了。胡子书记曾经很认真地问过他，为什么一开始没有去烧那窝小黄鼬，而只是往它们的身上喷酒？马杰说，他原本也不想烧它们，他之所以这样喷酒，就是想改变一下它们身上的气味。马杰说动物之间都是靠气味交流的，大黄鼬发现它们身上的气味变了，也就不肯再去接近，如此一来它们就会自己慢慢饿死。但是，他说，他后来发现这种办法不行，让它们一直这样叫下去很可能招来更多的同类，而那就会给村里带来更大的麻烦。所以，他说，他用火烧也是迫不得已。胡子书记直到这时才发现，马杰在这方面竟然有着特殊的才能。于是当即决定，将他调去村里的牲口棚。

马杰就从这时开始，才真正接触到了驴这种动物。

那时北高村的大牲畜除去马和骡子，只有两头驴，一头叫黑六，另一头叫黑七。马杰觉得这名字有些奇怪，就问胡子书记，黑六黑七是怎么回事。胡子书记告诉他，因为这两头驴的家庭出身都不好，往上追溯几代，它们的曾曾祖父曾是村里大地主高久财家豢养的，整天吃香喝辣，住的牲口棚里都砌了火墙，比咱贫下中农可舒坦多了。胡子书记说，据当年亲眼见过的人说，那是一头白嘴唇大鼻翅的板凳驴，长耳朵长脸小短腿，专门让高久财的小老婆骑着回娘家的，每次都是红缨铜铃紫缎鞍垫，走在街上很是气派。胡子书记忽然嘿嘿一笑，又说，这种驴自然不能算咱无产阶级的，该划入"黑五类"，可"黑五类"是"地、富、反、坏、右"，没有驴，村里就给它排个第六，这一头叫黑六，那一头是它兄弟，就叫黑七。

马杰觉得有趣，从此就很注意这头黑六。

马杰很快发现，黑六和黑七的待遇并不一样。黑六虽然出身不好，却被分槽喂养，每天要吃精草细料，而且从不拉车，更不下田参加劳动。当然，黑六也有得天独厚的生理条件。马杰注意到，它竟然有着一根极为罕见的阳具。它的这根阳具硕大无比，尤其尿尿时，几乎可以垂落到地上。因此它唯一的工作也就是配种，专职为生产队里繁殖后代。据说也曾有贫下中农提出过质疑，说黑六毕竟是这样一种家庭出身，总让它繁殖后代，生产队的牲畜血统是否会受到影响。但黑六的品种也确实很好，它生出的后代从身形到骨架都很匀称，而且有着很强的体力和耐力，不仅可以拉车，也适合田间的各种劳作。但是，马杰对此却有着自己的看法。马杰认为，黑六不能只管配种。驴的发情周期每年只有一次，而每次的时间也并不是很长，如此一来，它不发情时也就无事可干。马杰认为这不仅不合理，也是一种资源浪费，生产队里总不能整天用好草好料供养着这样一条骄奢淫逸只会交配的寄生虫。

于是，他当即决定，要让这个黑六参加一些力所能及的体力劳动。

马杰第一次是让黑六驾辕，准备去麦场拉一些干草。

一天下午，马杰特意从场上找来一辆很小的木板车。这种车其实是人畜两用，所以装载量很小，拉起来也并不费力。但在这个下午，黑六一被套上绳索立刻就警觉起来。它显然从没受过这样的待遇。当它明白了马杰是要让它驾辕拉车，就像受了侮辱似的一边乱踢乱咬一边呜啊呜啊地拼命狂叫。马杰却不管这一套，不由分说就给它勒上了嚼子，然后用力向后拽着将它塞进车辕搭上扣襻套起来。但是，就在他转身去拿鞭子时，黑六突然将身体往后一蹲，又猛地向前一蹿就拉着这辆空车朝街上狂奔而去。马杰顿时慌了手脚，连忙上前追赶，一边还在它的后面狠狠甩出一个响鞭。马杰的这根鞭子与众不同。一般车把式的鞭子都很柔韧，鞭杆用几根竹枝拧结而成，鞭绳也是细而短，这样甩起响鞭不仅省力，也便于使用，更重要的是这种响鞭只具有威慑力，打到牲畜的身上却并不疼。马杰的鞭子则是向村里的拖拉机手要来几根机器上的废三角带，用上面拆下的胶皮绳编织而成。而且上粗下细，足足有八尺多长，木柄则是一截粗短的镰刀把，这样掂在手里就像是一根凶悍的霸王鞭，甩起来也震耳欲聋，几乎让所有的牲畜听了都心惊胆战。但这一次，黑六却对马杰的鞭声充耳不闻。它就那样拉着一辆空木板车叮叮哐哐地朝街里绝尘而去。那辆木板车原本只是用一些木条和竹片拼接而成，并不结实，被黑六这样拖着一跑很快就甩掉了两个辂辘。但黑六仍不肯停下来，还一边尥着蹶子拖着车架子在坑洼不平的街上狂奔。车架子很快就被颠得面目全非，街上到处是散落的木板和竹片，待胡子书记和生产大队长发现时，黑六身后拖的就只剩了两根光秃秃的车辕。北高村的生产大队长是一个很健壮的女人，姓高，叫高大莲，村里人都叫她大莲队长。据说这个大莲队长曾经担任过全公社的妇女突击队长，在农业学大寨大搞水利建设的工程中干出过许多成绩，因此很有些名气。在这个下午，胡子书记和大莲队长刚从外面开会回来，迎面正好看到从街上狂奔而来的黑六。大莲队长走上前去，吆喝一声就将黑六拦住了。这时马杰也拎着鞭子气喘吁吁地从后面赶过来。胡子书记看看黑六，又看了看马杰，皱起眉问，这是怎么回事？马杰并不回答，扑过来就抽了黑六一鞭子。黑六立刻疼得哆嗦了一下。大莲队长已经看明白了，于是对马杰说，你不该让它拉车，它的工作比拉车更重要。黑六似乎听懂了大莲队长的话，连忙将头扎进大莲队长的怀里，像是受了很大的委屈。胡子书记伸手拍了一下黑六，也说，我们对有"黑五类"成分的人还要给出路，让人家改造自己重新做人，更不要说黑六，它毕竟还是一头牲口！事后马杰对我说，当时他简直不敢相信，这头叫黑六的畜生竟然如此虚伪，甚至比人还要阴险。它听了胡子书记和大莲队长的话先是在他们面前温顺地垂下头，接着又开始哆嗦起来，似乎是由于刚刚挨了鞭子疼痛难忍，后来这哆嗦竟还渐渐地变成了抽搐，好像痛苦得随时都要瘫倒下去。直到胡子书记当即宣布，扣掉马杰这一天的工分，并让他用软毛刷子为黑六刷洗一遍全身，它才好像好了一些。

在这个下午，马杰没再说话就将黑六牵回牲口棚。但是，他刚按大莲队长的要求为它拌好一槽精细的草料，再回头看时，却发现黑六早已若无其事，正一边打着响鼻跟邻槽的一匹枣红骒马摇着尾巴调情。马杰盯住它看了一阵，慢慢放下搅料棍，转身又拎起了自己的鞭子。这时黑六也已注意到了。它立刻丢下那匹骒马，两眼一眨一眨地看着马杰。马杰冲它冷笑一声说，你不用看，大莲队长不是让我给你刷毛吗，我现在就给你刷。他一边说着将鞭子在头顶用力甩了一下，鞭绳立刻在空中扭出一个很好看的花结，然后悄无声息地落下来。马杰的鞭技一向很精湛。我曾经亲眼见过，他竟然可以一鞭就将一只落在树上的麻雀抽下来。他得意地告诉我，北高村的牲畜都很怕他，他的鞭子不仅很疼，而且可以不留任何痕迹。一般的车把式用鞭子抽打牲畜都会有一条一条的鞭印，那是因为将鞭绳整个落下去，他则不然，他只用鞭绳的末梢，这样落到牲畜身上就只是一个点，而且想抽哪里就抽哪里。其实马杰抽打别的牲畜时，黑六一定亲眼见过，因此也就应该深知这根鞭子的厉害。但是这时，它看着马杰，脸上的表情却忽然轻松下来。马杰起初有些不解，但接着就明白了，黑六是有恃无恐。刚才胡子书记和大莲队长让他用软毛刷子为它刷毛，过一会儿就肯定要来检查，而倘若他用鞭子抽了它，即使痕迹不明显他们也能一眼就看出来。所以，黑六断定，尽管马杰将那根鞭子在自己面前挥得呼呼生风，却并不敢真落到自己身上。

但黑六毕竟是一头牲畜。它还是想得过于简单了。

马杰看懂了它的心思之后，只是微微一笑，就将它牵到旁边的一片空地上。黑六搞不懂马杰这是要干什么，有些不解地看着他。马杰不紧不慢地弯下身，将它的缰绳拴在一根木桩上，然后倒退几步用力抖了抖手里的鞭子。这时黑六才开始紧张起来，但它仍然紧盯着马杰，似乎想看一看，他今天究竟敢不敢用鞭子抽打自己。马杰先将鞭绳在手里搋着试了试，然后举起木柄，突然用力一甩，啪的一声，那根长长的鞭绳打了一个旋就发出一声脆响。黑六的一条后腿猛地颤抖了一下。它这时才感觉到，自己这条腿的腋窝里像被刀子狠狠割了一下。但是，还没等它回过神来，就又是啪的一声。这一次它站不稳了，它感觉到另一条后腿的腋窝里又狠狠地疼了一下，这疼痛就像一股电流立刻通遍全身，接着它的两腿一软就咕隆跪下去。马杰一手抓住鞭绳，对它说，站起来。黑六又艰难地站起来。黑六直到这时才终于明白了马杰的险恶用心。在牲畜身上，四条腿的腋窝处应该是最隐蔽的地方，如果不钻到肚子底下是绝对看不到的，而且和人一样，这也是最敏感的部位，倘若用鞭子抽到这里也就更加疼痛难忍。而就在这时，马杰又做出一个更可怕的举动，他去拎来一桶凉水，将鞭子在里面蘸了一下。黑六起初还不明白马杰这样做的用意。但是，当这根蘸了水的鞭子又抽在它两条前腿的腋窝里时，它立刻意识到，这样的疼痛竟然比刚才更可怕。

在这个下午，马杰就用这根湿漉漉的鞭子轮番抽打黑六四条腿的腋窝，每抽一下，黑六的全身都要剧烈地抽搐一下。但是，这根鞭子实在太长了，甩起来要花费很大的气力，如此一来就渐渐影响了准确性。这是马杰事先没有想到的。就在他又一次举起鞭子时，突然感觉自己的手臂酸了一下，他原本是想抽打黑六的左后腿，因为他当时是站在它的左前侧，这样就只有将鞭子朝相反的方向甩才能使鞭梢落到它左后腿的腋窝里。而由于他的手臂突然感觉不对劲，就稍稍向里偏了一点，于是鞭梢落到了不该落的地方。事后马杰对我说，他绝没有想到会是这样，他发现，黑六那根硕大的阳具突然抖动了一下，然后就像一条探出身体的蛇候地缩了回去。马杰直到这时才意识到，是自己的鞭子出了问题。他立刻蹲下身去观察，发现黑六的那里已完全缩进身体里，连两个睾丸都不见了踪影。马杰的心里一下有些慌，他知道这件事意味着什么。但他这时还在安慰自己，他想这东西应该伤得并不太重，否则黑六就不会这样安静了。这时黑六看上去也的确很安静。它似乎还在暗暗庆幸，由于自己的下体出了这样一点意外，才终于躲过了马杰的这一顿鞭子。

但是，马杰和黑六都没有意识到，事情远比他们估计的要严重得多。

接下来的问题是出在第二年春天。

在这个春天，黑六没像往年一样按时发情。北高村与我们南高村一向在繁殖牲畜方面保持着协作关系，这时我们村已让几匹有生产任务的骒马做好各种准备。如此一来也就产生了误会。我们村认为北高村说黑六没有按时发情不过是一个托词，黑六每年的发情期比日历还要准，说它不发情就如同说骡子发情一样令人难以置信。我们南高村认为，北高村一定是出于什么利益的原因为黑六另寻了新欢，而他们这样做不仅不道德，也是一种极不讲操守的行为。北高村的大莲队长听说此事特意来向我们村解释，她说没有别的原因，任何原因都没有，就是黑六不发情。大莲队长无可奈何地说，牲畜不发情是谁都没有办法的，你就是给它们硬来也没用，这跟人是一样的道理。大莲队长说到这里，脸一红就不好再说下去了。

我们南高村很快了解到，大莲队长说的话的确属实。黑六在这个春天不知为什么，竟像是将发情这件事忘记了。往年它早早地就会躁动起来，哪怕碰一碰皮毛或摸一摸脖子，都会立刻张大嘴吐出一些白色的黏液,走在街上遇到外村的骡马或草驴拉车经过,也要追在后面打着响鼻去向人家献殷勤。但这一次它却毫无迹象,就是将再漂亮的红鬃骡马或花背草驴牵到它面前,它的反应也很淡漠,似乎已心如止水,万念俱灰。大莲队长当然不甘心。村里一向待黑六不薄,大莲队长不相信它的身体里好端端的会出什么问题。于是就亲自将它牵去公社的兽医站。但兽医站的兽医也看不出任何问题。兽医很认真地检查了一番,摇摇头说,牲畜的生殖力也是一种能量,既然是能量就总有释放完的时候。兽医拍了一下黑六的屁股,得出结论说,它已经没用了。

大莲队长直到这时才终于相信,黑六的历史使命是彻底完成了。

黑六从此就失去了一切待遇。它被拴在大槽子上,和干粗活的牲畜一起乱踢乱咬,一起去抢吃掺着粗茬干草的混合饲料。每天的早晨和下午都要被套上绳索去拉车,或被轰赶到田里去干各种农活。但是,直到这时,它身上致命的弱点也才暴露出来。原来它的体力竟然很差,由于长年养尊处优,到田里踩着松软的泥土连站都站不稳,更不要说去拉犁耕地。胡子书记这时就又想起它当年的曾曾祖父,也就是那头白嘴唇大鼻翅长耳朵长脸小短腿的板凳驴。胡子书记突然发现,这头黑六的长相竟与它当年的曾曾祖父极为相像。于是,经过与大莲队长和其他村干部商议,就做出一个新的决定,既然黑六不适合干农活,索性就让它继承祖业也去充当交通工具,专门供村里的干部们骑着去办事。我想,这对于黑六来说应该更是一种奇耻大辱。如果让它自己选择,它肯定宁愿去拉车耕地也不想这样供人驱使。

也许正因为如此，才发生了后来的事。

那是一个初夏的上午，北高村的贫协主任要去公社参加贫协代表联席会。其实这个贫协主任完全可以搭乘村里顺路的拖拉机，即使步行也不过几里路。但他却坚持要骑黑六。他说当年大地主高久财的小老婆经常骑着它的祖先回娘家，他看了一直很眼热，所以现在他也要骑它尝试一下，看一看当年的那个女人究竟是一种啥样的感觉。贫协主任这样说着就牵出黑六，然后翻身骑上去。贫协主任很瘦，骑到黑六的背上，应该不会有太重的分量。但他并没有意识到，这样骑在黑六身上还一边用木棒抽打它的屁股就已不仅是简单的重量问题。当时贫协主任只顾高兴了，他发现这样骑着黑六的确感觉很好，不仅舒服，还有一种高高在上的优越感，再看眼前的一切似乎都变得居高临下起来。所以，他没有注意到黑六脸上的表情。事实上他就是注意到了也无法看到，因为这时的黑六正将脖子直直地向前伸出去，两眼不停地向左右睃寻。事后据目睹的人说，黑六驮着贫协主任就这样走了一段路，突然转身朝着道边的一棵槐树走过去。那是一棵几十年的老槐树，树干已经粗糙皱裂。黑六走过去只是不动声色地把肚子在树上轻轻蹭了一下，又蹭了一下，贫协主任突然惨叫一声就滚落下来。当时正在田里耪地的人们连忙赶过来，将贫协主任抬回到村里。待将他的裤腿撕开，这条腿只是膝盖以下有些发红，除此之外并没有什么伤痕。

但是，人们很快发现，贫协主任的伤势似乎没有这样简单。

他这条腿已完全失去知觉，而且像充了气似的迅速肿胀起来。

胡子书记意识到事情的严重性，立刻派人将贫协主任送去公社的卫生院。卫生院的几个医生看过之后都面面相觑，摇着头说卫生院没有这样的设备，恐怕要去县医院。送去的人问什么设备。几个医生说，锯腿的设备。大家一听立刻惊得目瞪口呆，有人问，只是让驴在树上蹭了一下，就要锯腿?! 一个医生说，锯腿已经是轻的了。另一个医生也摇摇头，说这头驴实在太厉害了，你们不要看这条腿表面没什么，其实它里面已受了严重的挤压，现在皮肉跟腿骨已经完全脱离开，如果不尽快锯掉，恐怕连性命都很难保住。

就这样，贫协主任又被转去县医院，就将这条伤腿从根部锯掉了。

那天直到傍晚，马杰才在村外的一片树林里找到了黑六。

马杰走到黑六跟前，立刻吓了一跳，只见它的嘴里满是鲜血，跟前的许多树干都已被啃掉树皮，乳白色的木碴上沾着黏稠的血迹。马杰立刻明白了，黑六显然知道自己闯了大祸，也意识到这一次是在劫难逃，所以就想尽快一死了之。但它实在想不出什么更好的自杀办法，只能采取这种笨拙徒劳而又只会增加痛苦的原始方式。黑六看到马杰，立刻惊恐地向后退了几步。它自从那一次挨了鞭子，再见到马杰就总是心惊胆战。这时，它已经完全崩溃了，它慢慢退到一棵树的旁边，四条腿不停地打着战，两个耳朵也相互叠着耷拉到一起。它认为马杰一定是来找它算账的。它已经料到，马杰这一次绝不会轻易放过它。但是，它很快发现，马杰的手里并没有拿着那根可怕的鞭子，脸上也没有太多的表情。他只是走过来，从地上捡起缰绳，就牵着它朝村里走去。这时胡子书记和大莲队长已经等在牲口棚。

胡子书记迎过来，掰开黑六的嘴看了看，牙齿已经脱落得所剩无几。

于是，他回过头去，跟大莲队长相视了一下。

大莲队长嗯一声说，看来也只能这样了。

胡子书记点点头说，杀了吧。

杀……杀了？

马杰有些意外，看着胡子书记。

大莲队长说，刚才，生产队里已经研究过了，既然它不能干活，骑又不能骑，留着也就没啥用处。胡子书记说是啊，现在它的嘴又成了这样，以后连草料也不能吃，生产队里总不能用粮食养着这样一个废物，痛痛快快杀了它，大家还能分一些肉吃。

事后马杰对我说，他当时就预感到，杀黑六这件事肯定会落到他的头上。因为他是饲养员，一向熟悉牲畜的习性，而更重要的是当地农民是轻易不肯自己动手杀牲畜的，他们都很迷信，认为牲畜的一辈子不容易，倘若杀它们会遭报应。果然，在这个傍晚，胡子书记和大莲队长临走时对他说，这件事，就由你来干吧。马杰连忙说不行。他说自己确实不行，他平时杀一只鸡都下不去手，更不要说杀这样大的一头牲畜。胡子书记又跟大莲队长对视一下，就走到马杰的面前说，有些事，还是不要说得太明白了，这头黑六原本好好的，每年都能按时配种，可到你手里还不到一年，怎么就成了废物呢，现在你不杀它还让谁来杀？

大莲队长也说，不要说了，这件事就这样决定了。

一边这样说，又看了马杰一眼，让它死得痛快些。

当天晚上，村里的胡屠户来到牲口棚找马杰。胡屠户是胡子书记的亲叔伯堂弟，在村里专门负责宰杀猪羊一类家畜。马杰一看见胡屠户就像是见到了救星，连忙对他说，你来得正好，你杀猪有经验，黑六还是由你来杀吧。胡屠户却摇摇头说，你这话就外行了，屠户也并不是啥都能杀的，杀猪跟杀牲口可不是一回事，我来是给你送工具的。胡屠户说着就打开一个麻布包，里面是刀子钩子和一些看不出用途的利刃。胡屠户拿起一把细长的牛角弯刀，这把刀有一尺多长，看上去像一钩弯月，刀刃飞薄，刀尖也很锋利。胡屠户用拇指在刀锋上试了试说，我给你挑了这把长一些的牛角刀，刚才还磨了一下，驴的脖子比猪脖子要长，但杀起来道理是一样的，只要将这把刀从脖子底下插进去，一直插到胸口，然后用刀尖在心脏上划开一个口就行了，记着，放血要用大盆，驴血是大补可不要糟蹋了。

胡屠户说罢，放下这些刀具就走了。

这时马杰才发现，槽子上的黑六正朝这边看着，一直在很认真地听。

马杰经过反复考虑，最后还是决定不使用胡屠户送来的这些刀具。胡屠户杀猪马杰是见过的，尽管他的技艺很精湛，但猪在死时也很痛苦，总要挣扎半天才会断气。因此，要想让黑六死得痛快些就只有另想办法。在这个晚上，马杰从草垛旁边搬来一口铡刀。这铡刀是专门用来给牲畜铡干草的，钢口还说得过去。马杰从木槽上卸下刀片，这片刀片已有些生锈，而且由于长期铡草，刃口也很钝。马杰拎着来到牲口棚。在牲口棚的角落里有一眼石井，这是用来饮牲畜的，井台上有一盘很大的青石。马杰将铡刀放到井台上，撩了一点水就用力磨起来。刀片约有四寸宽，三尺多长，磨起来霍霍的声音就很响亮。马杰这样磨一阵，停下来用水冲一冲，然后再磨。黑六始终站在旁边，还不时晃一晃耳朵，伸过头来看一看。马杰一回头，突然发现它也正在看着自己，他跟它的目光碰到一起，心里突地一颤。于是，他将刀片立在旁边，去拎来一桶水，就开始用软毛刷子为它刷洗全身。马杰一边刷着还特意摸了摸它的脖颈。它的脖颈很柔软，隐约可以感觉到里面的颈骨。

就在这时，他又看到了黑六的眼睛。

黑六的眼睛很湿冷，黑得深不见底。马杰杀黑六是在第二天上午。地点就选在牲口棚。

杀牲畜是一件大事，北高村的全村特意歇了半天工。村里的人们虽然不肯亲自动手杀牲畜，但吃肉的欲望却很强烈，早早地就都在家里刷锅烧水做好一切准备，然后端着盆或簸箩来到牲口棚等着分黑六。马杰看一看大灶上的水已经滚开起来，就将黑六从槽子上牵出来，拴到那片空地的木桩上。这时人群里就响起一片唏嘘的声音。马杰朝人群里看一眼，就转身去拎过那把铡刀。铡刀的锋刃已磨得雪亮。马杰为了应手，还特意在铁柄上缠了一些麻绳。他来到黑六面前，掏出一块黑布将它的两眼蒙起来。

但黑六用力一摇头，将黑布甩掉了。

马杰再蒙，又被它甩掉了。

然后，它慢慢回过头，睁大两眼看着马杰。

事后马杰对我说，你能相信吗，驴这种畜生竟然会笑。当时黑六的脸上皱了皱，眼角居然还出现了一些细碎的鱼尾纹。他说他看出来了，它的确是在笑，它是在冲着他微笑，他甚至还听到它的嘴里发出一阵嘿嘿的声音。马杰顿时有些心慌意乱，立刻举起铡刀就呼地砍下来。在此之前，马杰已在黑六的脖颈上看好了位置，他发现它稀疏的鬃毛间有一个不大的缺口，这缺口离头颅很近，而且恰好是脖颈最细的地方，他想如果把刀砍在这里，应该会省力一些。但是，由于他的刀举得过高，在挥下来时有些发飘，这就使落刀的位置发生了一点偏离，似乎靠上了一些。马杰感觉到了，这把铡刀的确磨得很快，因此尽管靠上，在落下的一瞬也几乎没遇到什么阻力，只听咔嚓一声，黑六的头颅就从脖子上齐刷刷地滚落下来。这颗头颅如同一只巨大的冬瓜，在地上骨碌碌地滚出很远。直到它停下来，那只冲上的眼睛仍还皱着一些鱼尾纹，它睁得大大的，像在瞪着马杰，又像是瞪着马杰身后的人们。那个失去了头颅的身体并没有立刻倒下去，似乎沉默了一下，突然就有一股黏稠的血水从脖腔里直喷出来。这血水一直喷溅出很远，如同一团猩红的烟雾朝人群里落下去。

人们惊叫一声，立刻朝四处散开了。

失去了头颅的黑六似乎犹豫了一下，又犹豫了一下。

它迟疑着朝前走了两步，然后，才慢慢地瘫倒下去。

马杰没去管清洗黑六的内脏。只是将它的皮剥下来。

这是一张完整的驴皮，非常柔软，看上去栩栩如生。

马杰犯了一个错误。他不该在牲口棚里杀黑六。

在这个上午，马杰并没有注意到，从他用那口铡刀砍下黑六的头颅，直到在血泊里用牛角尖刀一点一点地将它的皮剥下来，始终有一双眼睛在注视着他。这就是黑七。其实马杰事先已考虑到这个问题。他想，在杀黑六时不应该让其他牲畜看到这个血腥的场面。牲畜的身材虽然高大，心胸却很狭窄，胆量也很小，这样的场面会对它们的情绪产生严重影响，搞不好还有可能发生炸棚。炸棚是指由于某种突发的刺激，牲畜们同时受到惊吓而狂躁起来，这种情况一旦发生是很难控制的，牲畜也会因为互相踩踏和撞击而受到伤害。但是，马杰将所有的牲畜都牵去了别的院子，唯独忽略了拴在角落里的黑七。所以，黑七也就目睹了马杰砍杀黑六的整个过程。马杰直到拎着黑六那张血淋淋的驴皮朝牲口棚的外面走去时，才无意中发现了黑七。黑七正站在槽子旁边，目不转睛地盯着他和他手里的那张驴皮，眼睛里似乎有些湿润，尾巴也像一根木棒直挺挺地撅起来。在此之前，马杰并没有注意过这头黑七。黑七的外形与黑六很相像，也是长耳朵长脸四肢短小，但阳具也很小，所以也就没有配种任务。严格讲，这种板凳驴是专供人骑的，并不适于田间劳作，因此黑七的主要工作只是拉车。但它的性格却与黑六不同，平时沉默寡言，因而也就很少引起人们的注意。

马杰绝没有料到，黑七接下来竟会弄出一场如此之大的事故。

马杰觉得自己在这场事故中很无辜。尽管胡子书记和大莲队长一致认为，这件事的责任完全在他，也就是说，是由于他的疏忽大意造成的。但马杰却坚决否认。马杰一口咬定是黑七所为。马杰说，在这件事发生前的最后一瞬，他是亲眼看到的。他说黑七当时干的事简直不可思议，没有人会相信它竟然能这样做。胡子书记当然不能认同马杰的这种说法。胡子书记说，黑七不过是一头哑巴畜生，无法为自己辩解，这就让人怀疑是马杰故意要将责任推给黑七。大莲队长也这样认为。大莲队长说，黑七再怎么说也只是一头驴，而且是一头比黑六还要老实的笨驴，它不会也不可能像马杰说的那样故意做出破坏集体财产的事来。

这起事故是发生在杀黑六几天以后的一个上午。在这个上午，别的牲畜都被牵去下田了，牲口棚里只剩下黑七和一匹怀驹的骒马。马杰在这个上午是故意将黑七留下的，他准备套它去公社粮站拉一些饲料。他在临走前先为那匹骒马饮过水，又在槽子里添了一些草料，然后拿过棕刷为它的全身刷了刷毛。马杰在照料临产牲畜方面很有经验，他知道经常为怀驹的骒马刷一刷毛，会使它的产门肌肉松弛，这样可以有利于将来的生产。但是，就在他为这匹骒马刷毛时，突然听到了一种奇怪的声音。这声音似乎是来自他的身后，又像是在头顶。接着他就感到，好像整个牲口棚都嘎吱嘎吱地响起来。他连忙回过头去，才发现竟然是黑七。黑七正在不动声色地啃咬着牲口棚里的一根立柱。在牲口棚里有五六根这样的立柱，但这一根最粗，而且刚好竖在牲口棚的中央，是专门用来支撑整个棚顶的关键部位。事后马杰说，他一直搞不懂，黑七怎么会知道选择这样一个要害的部位。当时黑七发现马杰正在看着自己，于是就停下来，也抬起头看看他。但它接着就又埋下头去，若无其事地继续啃咬那根立柱。它咬得不慌不忙又非常卖力，为使这根立柱尽快松动，它还用头去顶住它的根部用力晃动。于是整个牲口棚立刻也跟着忽忽悠悠地摇晃起来。牲口棚的棚顶虽然只铺了一层秫秸，但由于下雨潮湿已有了相当的重量，这时这根立柱已被黑七啃咬得拔出地面，再这样一晃动，棚顶就开始渐渐地向一边倾斜。马杰突然明白了黑七的意图，立刻丢下手里的棕刷朝它扑过去。但为时已晚，整个牲口棚随着晃动扭了几扭，突然发出一阵巨大的断裂声就轰然塌落下来。而就在这一瞬，马杰看到黑七朝旁边轻轻地一跳，就跳到了牲口棚的外面。北高村一共有二十几头牲畜，因此牲口棚具有相当的规模，这样一坍塌情形自然可想而知，顿时尘土飞扬狼藉一片。但是，牲口棚坍塌还只是这场事故的开始。在马杰身后的立柱上，还挂有一盏仍然亮着的马灯。这是马杰给牲口添夜草时拎过来的，后来一忙就忘在了那里。这时棚顶坍塌下来，这盏马灯也就被砸在了里面，煤油流淌出来引燃秫秸，立刻就着起了大火。这场大火烧得很快，火势也很猛，随着迅速蔓延整个牲口棚里转眼间就成了一片熊熊的火海。闻讯赶来的村民想用水桶救火，但试了试却都无法靠近，只能眼睁睁地看着火焰夹裹着浓烟越烧越旺。也就在这时，人们突然闻到了一股奇怪的气味。这显然是烤肉的香味，非常香，与燃烧的烟气混在一起就似乎更加诱人，很像今天街上卖的烤肉串。这时大家才突然想起那匹怀驹的骒马和黑七，接着就又想到了马杰。但人们很快就发现了黑七。黑七并没有被砸在火里，它正站在不远的地方，面无表情地向火里望着。这就可以断定，仍然在火里的只是那匹骒马和马杰，也就是说，这股烤肉的香味应该是从它或他的身上散发出来的，又或许是同时散发出来的。其实人与牲畜的区别并没有很大，这样用火一烧，竟然分不出谁是谁的气味。人们想象着正在大火里被烧烤的那匹骒马和马杰，立刻都感到不寒而栗。

这场大火烧了很久才渐渐熄灭下去。牲口棚已变成一片废墟。人们果然在灰烬里发现了那匹骒马的骸骨。它显然被烧得无处躲藏，于是扎到一个角落里，浑身的骨头都已被烧得黑漆漆的，还在冒着淡淡的蓝烟。但是，却没有发现马杰。胡子书记和大莲队长皱着眉对人们说，再找一找，仔细找一找，那样大的一个活人再怎样烧也总会留下一点痕迹的。但是，人们将整个火场都仔细搜寻了一遍，却仍然不见马杰的踪影。就在这时，一个女人突然惊叫了一声。胡子书记和大莲队长连忙走过来。那女人一边向后退着，用手朝地上指着说，那里……就在那里。这时胡子书记和大莲队长才发现，在地上正有一堆黑乎乎的灰烬向上一拱一拱地微微动着。接着猛地一翻，一颗人的脑袋就从里面冒出来。这颗脑袋已经与那些灰烬浑然一色。他用力喘出一口气，然后张开嘴打了一个很响的喷嚏。

人们围过来仔细看了一阵才认出来，竟然是马杰。

马杰虽然已黑得面目全非，身上却毫发无损。原来就在牲口棚坍塌的那一瞬，他不知怎么竟被压进了那眼石井。这一来反而救了他。他先是将身体在井水里浸泡了一下，然后就像一只壁虎似的紧紧贴着井筒，直到上面的大火渐渐熄灭，他才试探着一点一点爬上来。

胡子书记和大莲队长当然不相信马杰所说的话。他们认为这件事与黑七没有任何关系。黑七之所以能在这场大火中幸免于难，是因为它当时刚好站在牲口棚的边上，而这也正说明它不可能做出马杰所说的那种事来。胡子书记对马杰说，黑七从没有啃缰绳的习惯，你是饲养员应该最清楚这一点，既然它连缰绳都不啃，又怎么可能像你说的那样去啃那根立柱呢。大莲队长也说，不管怎样，这件事也是你的责任，就算这根立柱是被黑七啃倒的，也说明它早已不太结实，好好的一根立柱，怎么可能就这样轻易地让驴给啃倒了呢，你作为牲口棚的饲养员事先就没有发现吗，或者发现了，又为什么没有及时加固呢。大莲队长最后得出结论说，由此可见，这起事故是迟早都要发生的。大莲队长说，幸好当时别的牲畜不在，否则后果就更不堪设想了。胡子书记严肃地说，可那匹怀驹的骒马还是烧死了，一失两命，这给生产队的集体财产也造成了很大损失。接着，胡子书记就当众宣布了对马杰的处理决定，胡子书记说，首先要扣掉马杰全年的工分，其次，马杰要尽快将火场清理干净，协助村里搭建起新的牲口棚，然后将这里的所有工作移交给新任饲养员。

胡子书记对马杰说，你已经被撤职了。

马杰对我说，直到这时，他仍然没把黑七往太深处想。他认为黑七在那个上午啃倒那根牲口棚的立柱并没有什么很明确的目的，也许它只是出于无聊，因为对于这样一头驴，除去无聊他实在想不出它还会有什么别的用意。但是，接下来的事终于让他警觉起来。

他突然发现，这个黑七确实不是一头简单的驴。

马杰用了整整一天，直到傍晚才将牲口棚的废墟清理干净。然后，他就按着大莲队长的要求套了一辆木板车，准备将这些炭灰拉到田里去当肥料。但是，他又犯了一个错误。他不应该让黑七驾辕。在这个傍晚，他刚刚把车装好，正在清扫最后一点灰烬时，黑七突然拉起车就径直朝那眼石井走过去。它走得不紧不慢，而且声音很轻，来到石井跟前还绕了一下，待马杰回头发现时，它已经将屁股用力向上一撅，高高地扬起车辕，然后呼噜一声就将整整一车炭灰都倾倒进了井里。井口立刻腾起一团黑色的烟雾。这眼井是专门饮牲畜的，这样倒进一车炭灰井水显然也就不能再用。大莲队长刚好在这时来到牲口棚。大莲队长立刻走过来，扒着井口朝里看了看，然后抬起头对马杰说，看来，胡子书记真的是看错你了。

看……看错我了？

马杰看着大莲队长，不明白她这话是什么意思。

大莲队长说，这一次是我亲眼看到的，你还怎样解释？

马杰沮丧地说，既然你都看到了，我当然不用再解释。

大莲队长冷笑道，你是不是又要说，是黑七存心搞鬼？

马杰说难道不是吗。

大莲队长立刻反问，你认为是这样吗？

马杰说当然是这样。马杰说，黑七是自己把车拉过来的，又是它自己把车上的灰倒进井里的，不是它在搞鬼又会是谁呢，难道是我吗？可是，大莲队长说，牲口是听人吆喝的，你如果不吆喝它，它又怎么会跑到这里来呢？这时，马杰终于忍耐不住了，他不明白大莲队长为什么一定要将责任强加给自己。于是很生气地说，我根本就没吆喝它！

你没吆喝吗？

我当然没吆喝！

马杰觉得大莲队长这样指责自己简直没任何道理。黑七是擅自把车拉到井边来的，他想问一问大莲队长，这样简单的事她怎么会看不出来。大莲队长点点头说，我当然看出来了，这件事就是你故意做的，你对村里处理你的决定心怀不满，所以才让黑七把这一车炭灰倒进井里，好给下一任饲养员增加一些麻烦。大莲队长摆摆手说，你不要再说了，淘井的事我会安排别人来干的，实话告诉你，现在让你来淘我还真有些不放心呢。大莲队长临走时又说，你尽快把这里收拾干净吧，村西还有一堆人粪肥，从明天开始，你去田里送粪。

大莲队长说罢，又用力看了一眼马杰就转身走了。

马杰看看大莲队长结实的背影，又扭头看一看仍站在井边的黑七。这时，他发现黑七也正在看着自己。它一下一下地眨着眼，眼角忽然皱起一些鱼尾纹，这些鱼尾纹很细，如果不仔细看几乎不易察觉。马杰立刻明白了，它这是在笑，它正在冲着自己笑。黑七的这个笑容立刻让马杰想起当初的黑六。马杰突然有一种感觉，他发现这个黑七竟然比当初的黑六心计更深，也更阴险。好吧……你就笑吧，咱们看一看究竟谁能笑到最后。

马杰冲它点点头，一边这样说着就转身朝不远处的灶屋走去。

马杰来到灶膛跟前，用一根火通条在里面拨了拨，就拨出一块烤白薯。这块白薯是红皮的，几乎有两个拳头大小，由于刚在灶膛里烧过也就非常的烫手。马杰一边吹着气将它在两只手里来回颠倒着，又抬头看了看黑七。这时黑七眯起两眼，正朝这块烤白薯贪婪地看着。马杰就笑了。他知道黑七还在饿着肚子。他从早晨到现在还一直没有给它喂过草料。于是，他又想了一下就朝墙角的水缸走过去。他舀了一瓢凉水，将这块烤白薯在里面泡了一下，然后走到黑七面前，心平气和地对它说吃吧，快吃吧，这东西很好吃呢。他一边说，就把这块散发着香甜气味的烤白薯送到黑七的嘴边。黑七立刻迫不及待地一口就咬到嘴里。由于这块烤白薯被凉水泡过，所以吃到嘴里也就很舒适。但是，黑七一嚼就出了问题。它没有想到白薯的里面竟然如此之热，立刻被烫得浑身一激灵。接着它就又做出了一个更错误的判断，它以为只要这样继续嚼就可以将这东西的温度迅速降下去，于是也就更加卖力地嚼起来，一边嚼着嘴里竟还冒出腾腾的热气，连鼻孔也被烫得翻卷起来。黑七很快意识到，这样嚼下去显然是错误的，它应该尽快把这个热得可怕的东西吐出来。但它刚要张嘴，马杰已经看透它的心思，于是一伸手就将它的嘴给捏住了。黑七被烫得呜的一声，两眼用力向上一翻，立刻鼓起两个很大的眼白。马杰开心地看着它，欣赏着它的表情，过了一会儿才慢慢松开手。

但这时，黑七已将那块滚烫的烤白薯咽了下去。

它用力张大嘴，哈哈地喘着气，肚子里发出一串咕噜咕噜的声音。

黑七一连几天没吃草料。马杰知道，它的嘴里肯定已烫起了水泡。他故意拌了一些精细的饲料倒进黑七面前的食槽子里。饲料散发出一阵阵谷物的香气。但黑七只是用嘴唇一点一点拱着，却并不能吃进去。大莲队长也感觉黑七出了问题，来牲口棚看过几次。她发现黑七一直在槽子里用嘴唇拱着草料，就以为它是在吃，反而还表扬了马杰几句，说他这样做就对了，善始善终，只要一天没将饲养员的工作交出去就对集体的牲畜负责任。马杰受到表扬往田里送粪也就干得更加卖力，每天让黑七饿着肚子从早晨一直干到天黑，车也越装越满。但是，马杰并没有注意到，黑七的眼神也越来越异样。

每当它看马杰时，眼里就会忽地暗下去，似乎闪着幽幽的磷光。

后来的事情是发生在一天傍晚。在这个傍晚，马杰终于完成了大莲队长交给他的任务。他将最后一车粪肥装好时，连自己也感觉有些饿了。他赶着黑七来到村外，无意中摸了摸它的屁股，发现它身上已渗出汹汹的汗水，于是看一看四周没人就对它说，你现在肯定是又饿又累，对不对？黑七似乎没听见，仍然低着头，拉着粪车慢慢地向前走着。马杰笑一笑说，你知足吧，跟黑六比起来你幸福多了，你还没尝过我的鞭子呢，那滋味可比现在难受。马杰一边这样说着，粪车就已来到一座桥上。这是一座很窄的石板桥，刚够一辆粪车通过。桥下是一条水渠，虽然不深，但已积了很多淤泥。

马杰正说得高兴，黑七就已拉着这辆粪车走到石板桥的中间。

就在这时，马杰突然感觉有些不对劲了。他发现黑七回过头来看了自己一眼。在它回头的一瞬，他又从它的眼角看到了鱼尾纹。马杰立刻意识到，这时黑七冲自己笑应该不是好兆。他赶紧冲它大喝了一声：吁——！他这样喊是想让黑七停下。但是，黑七却似乎听而不闻，并没有要停下来的意思。于是马杰连忙又去拉车辕上的手闸。仍然无济于事。黑七的四条短腿突然变得强健有力，就这样拖着车闸硬是朝石板桥的边上走去。马杰慌了手脚，他意识到继续坐在车辕上是很危险的，但就在他要往下跳时，只见黑七的身体猛地往下一塌，又用力一缩，竟然就从辕套里钻了出去。装满粪土的木板车顿时失去了平衡，朝旁边一歪就从石板桥上翻了下去。这时马杰仍坐在车辕上，他向下坠落着，只觉耳边呼呼的风响，渐渐地头已经朝下，接着许多散发着恶臭的粪团就噼噼啪啪地冲他砸过来。他的心里还很清醒，他知道倘若一直这样栽下去后果将不堪设想，他的头很可能会插进渠底的淤泥，而那样一来自己也就要像一株植物似的栽在了渠里。他试图让自己的身体正过来。但这座石板桥的高度毕竟有限，还没等做出努力，他和这辆木板车就轰然掉进了水渠。幸好他这时已从车辕里挣脱出来，被狠狠地抛到了一边。他感觉自己的身体是平着落入水中的，接着那些粪团便铺天盖地砸下来。他用尽全身的气力，好容易才从水里伸出头。

　　就在这时，他发现，黑七正面无表情地站在岸边看着他。

　　马杰这一次遇险最先惊动的是我们南高村。因为这条水渠恰好是两村的界河，而就在他出事时，我们南高村的人又正在附近的田里锄地，因此大家立刻赶来搭救他。马杰确实被搞得很惨，险些就丢了性命。大家七手八脚地将他从渠里捞上来时，身上简直臭不可闻，而且从鼻子和嘴里仍然不断地有水流出来，那水的颜色和气味也很可疑。

马杰就这样被送回了北高村。胡子书记和大莲队长当然不相信黑七会做出这种事。胡子书记摇着头说，黑七这样老实的一头驴，况且又不会缩身术，如果将它套牢了怎么可能从辕子里钻出去？不可能，胡子书记十分肯定地说，再怎样说这也是不可能的。大莲队长去村外的水渠边找到黑七，将它牵回来时发现，在它的肩胛处有一道明显的擦伤。大莲队长认为，这显然是因为套车的绳索没有拴牢，滑脱时挂伤的。大莲队长说，黑七的出身虽然有些问题，但在村里一向表现很好，它拉车拉了这样久，还从没有出过这样的事情，如果把缰绳拴牢了它是不可能褪套的。大莲队长还特意将黑七牵来知青集体户，似乎要让它与马杰当面对质。但这时的马杰已说不出话来。他由于肚子里灌进了太多的脏东西，一直在不停地呕吐，先是将前几次吃的饭菜都呕出来，渐渐吐的就只剩了黄绿色的胆汁。

彩凤一直守在马杰身边，只是不停地流泪。

彩凤那一次得了壮科，因为马杰烧死那一窝黄鼬才清醒过来。从此她就经常来集体户帮马杰烧水做饭，或为他洗衣服。北高村的人都有些惧怕大莲队长，但彩凤却不怕。彩凤在这个傍晚对大莲队长说，你还是把黑七牵走吧，他已经成了这个样子，你再跟他说这些话还有啥用呢。彩凤说，就算他没把那辕套拴牢，也是为了给生产队拉粪，城里的工人出了事故工厂还要照顾呢是不是？大莲队长看看彩凤，就不再说话了。但是，这时谁都没有注意到黑七。黑七一来到集体户就始终盯着门外的那面墙壁。在那面墙壁上钉着一张黑色的驴皮。驴皮的四肢向两边伸展开，似乎是很舒服地趴在墙上，虽已有些干硬，但那身皮毛仍然闪着黑亮的光泽。旁边还有一小块驴头形状的毛皮，两只眼睛已是两个洞，似乎瞪得大大的。

接着，黑七就做出了一个很奇怪的举动。

它慢慢走过去，伸出舌头在那张驴皮上舔了舔。

马杰直到夜里仍在不停地呕吐，还发起了高烧，嘴里一直嘟嘟囔囔地说着胡话，似乎在跟黑七争论着什么。胡子书记来看了，皱着眉说这样下去不行，还是赶快送医院吧，灌了一肚子大粪，弄不好会死人的。马杰就直接被送去了县医院。

其实我早就知道马杰和彩凤的事。那时马杰去公社粮站拉草料，经常带彩凤一起出来，偶尔也到我们集体户里坐一坐。彩凤很大方，看上去不像农村女孩，皮肤很白，五官长得也很细，只是稍微胖一些，身上圆圆的很丰满。那时女知青嫁给当地农民的有很多，但男知青跟当地女孩子谈恋爱却不多见，因此马杰和彩凤的事也就引起很多人的关注。据说胡子书记曾经找马杰很严肃地谈过一次，问他是不是真想跟彩凤搞对象。胡子书记说，彩凤这孩子不容易，从小死了爹，她妈又是那样一个女人，这些年一直没有人疼，你如果没这心思，可不要害她。但马杰听了胡子书记的话并没有说什么。马杰认为也没必要跟胡子书记说什么。他觉得无论自己有没有这个心思，或者彩凤是否这样想，都只是他们两人之间的事，跟别人没有任何关系。但马杰曾对我说，他的确很喜欢彩凤，他说他喜欢胖一些的女孩，所以彩凤很合他的心意，至于她是不是农村女孩则无关紧要。

马杰很认真地说，彩凤也是读过高中的。

马杰这一次在县医院住了将近一个月。其实医生为他注射了催吐针剂，将胃里的脏东西吐干净也就很快没事了。但他的心理还是有一些问题。马杰在心理上一直摆脱不掉那件事的阴影，他一想起自己的嘴里曾经灌满那些脏东西就感到恶心，接着就又会不停地呕吐，无论医生用什么手段都无法控制。后来县医院的医生只好无可奈何地告诉他，这已是精神卫生方面的事，他们只是内科医生，也无能为力了。医生对他说，要想彻底痊愈只有去做心理治疗，或者自己慢慢调整，平时多想一些干净的美好的事物。

就这样，马杰只好出院了。

马杰是在一个夏天的上午出的院。彩凤赶着大车来县里接他。马杰已经很长时间没有看到彩凤，见面一高兴竟然连呕吐的事也忘了。但是，在这个上午，马杰拎着东西一走出大门立刻就愣住了。他发现，彩凤赶来的大车竟又是黑七驾辕。黑七这时也已看到马杰。但它只是漫不经心地朝这边瞥一眼，然后晃了晃头就把眼垂下去，似乎继续在想着自己的事情。马杰这时毕竟刚刚见到彩凤，正在兴头上，所以不想让黑七破坏了自己的心情。于是，他将手里的东西扔到车上，又让彩凤坐上去，自己就赶起大车从医院出来。

夏天的上午已开始热起来，但微风轻轻一吹，还是有些凉爽。马杰的心情很好，刚刚出了县城，看一看前后没人，就迫不及待地将身后的彩凤搂过来。彩凤满脸含羞地推了他一下，说这里人多，再往前走一走吧。于是马杰在黑七的屁股上用力拍了一下就让它跑起来。大车来到瘦龙河边。这里只有一条被树荫遮掩的蜿蜒小道，只要继续往前走就可以直接通向北高村。马杰看一看路边，发现有一片灌木林，就将大车赶进去。接下来的事情自然也就可想而知。那时县级医院的条件还很差，住院病人要自己带被子。马杰没有想到，他带来的被子在这时竟然派上了大用场。他先和彩凤亲热了一阵，然后又将大车赶到一片枝叶更茂密的地方，把黑七的缰绳拴在一棵树上，就将车上整理一下，抖开了那床被子。这架大车的宽窄刚好像一张双人床，马杰和彩凤躺上去钻到被子里，这架双人床立刻就像一条小船似的晃晃悠悠摇荡起来。就这样从上午一直摇到中午，又从中午摇到了下午。后来他们摇得实在太累了，困倦了，就不知不觉地相拥着在被子里睡着了。

　　马杰和彩凤绝没有想到会发生后来的事。

　　在这个上午，黑七先是看着身后的木板车在一颠一荡地摇着，并没有什么反应，直到耐心地等到了中午，又从中午等到了下午，看一看车上安静下来，渐渐地还传出均匀的鼾声，它才开始伸过头去不慌不忙地啃咬拴在树上的缰绳。其实马杰拴的是一种莲花扣，这种绳结不要说牲畜，就是人也很难解开。但黑七这样啃了一阵，不知怎么竟将这绳结啃开了。黑七又回头看一眼，拉起大车悄悄地走出这片灌木林，然后沿着蜿蜒的小道径直朝前走去。它走得很轻，四蹄慢慢地抬起来又慢慢地放下，身后的木板车平稳得像一条船。下午的阳光透过繁茂的枝叶洒落下来，地上斑斑点点的如同微微泛起的波纹。在这个下午，当黑七拉着车走进北高村时，已是傍晚收工时间，去田里锄地的人们都在陆陆续续地往回走。这一来事情就好看了。马杰和彩凤仍还在车上很舒服地相拥睡着，他们在梦里已完全没有了时间和空间的概念，他们不管自己在哪里，也不管是中午还是下午，只是沐浴在夏日的阳光里恣肆惬意地睡着。他们觉得只要这样相拥在一起就已拥有了这世界上的一切。就在这时，他们恍惚中似乎隐约听到了什么声音。于是一起睁开眼。这时，他们才突然发现，这辆大车不知怎么竟然停在村里的十字街口，四周已经围满了人，大家正好奇地伸过头来向他们看着，就像在欣赏什么表演。彩凤立刻尖叫一声就将头缩进被子里去。马杰本想翻身起来，但意识到自己还一丝不挂，又赶紧躺下了。就在这时，车辕上的黑七突然扬起头，将脖子一伸就嘹亮地叫起来。它的叫声直抒胸臆，因此有着很好的共鸣，听上去就像花腔男高音一样地将气韵一直灌到了头顶。人群里不知是谁实在忍不住了，扑哧笑了一声。接着大家都跟着笑起来。这笑声和着黑七的叫声，如同是在伴唱。

当天晚上，马杰拎着一瓶地瓜烧酒来到牲口棚。牲口棚里的新任饲养员是贫协主任。贫协主任自从失去了一条腿，无法再去公社开会，就主动辞去了主任职务。但村里的人们仍然习惯叫他贫协主任。马杰对贫协主任说，他心里不痛快，想跟他一起喝一喝酒。贫协主任一听自然很乐意奉陪。其实贫协主任并没有太大的酒量，但马杰还带来了一盒沙丁鱼罐头，这盒罐头非常的诱人。贫协主任想，自己不能只吃人家的罐头而不喝酒，那样会显得过于嘴馋。于是，他为了这盒沙丁鱼罐头硬着头皮陪马杰喝起来。

这样喝了一阵，贫协主任很快就醉了。

马杰伸手推一推，见贫协主任已睡过去，起身来到牲口棚。

黑七这天晚上的食欲很好，一直在悠然自得地吃着草料。这时，它一抬头看见马杰，先是愣了一下，接着就本能地向后倒退了几步。马杰并没有说话，走过来解下缰绳，将它从牲口棚里牵出来。马杰一边走着，手里已拎了自己的那根鞭子。他神不知鬼不觉地将黑七牵到村外，又来到了那条水渠的边上。这时黑七已闻到马杰身上的酒味，立刻就有了一种不祥的预感，它一扬脖颈张嘴想叫，却立刻被马杰用事先准备好的笼头套住嘴。马杰将它牵到石板桥的下面，把缰绳拴在水边的一根木桩上，然后将手里的鞭子轻轻抖开。马杰事先已将这根鞭子做了处理，在鞭梢上拴了一块一寸左右宽的牛皮。他先在水里把鞭子蘸了一下，然后走到黑七的面前，看着它说，我真不明白，你为什么总跟我过不去？

这时黑七的眼角已经耷拉下去，紧张得嘴里不停地嚼着。

它瞥一眼马杰手里的鞭子，两只耳朵颤抖着扭了几扭。

马杰又说，我知道你害怕了，可现在已经晚了，我对你一直是一忍再忍，可你总以为我好欺负，你现在把我搞到了这步田地，我已经无法再在这村里待下去了，还有彩凤，她怎么惹着你了？你干吗要把她也扯进来？马杰说着哼一声，又用力点点头，你一个畜生能把我折腾成这样，你也够有本事了，好吧，今天咱们就把这笔账好好算一算吧。

他说着突然用力一甩，就把鞭子抽下来。他的鞭子抽得很讲究，只有那块鞭梢的牛皮挂着风声落到黑七的身上，而整条鞭子没有发出一丝声响。由于这块牛皮很宽，所以落到黑七身上只留下一块灰白的印迹，倘若不仔细看几乎看不出来。但疼痛却是一样的，黑七的身上立刻抖了一下。马杰的鞭子接着就像雨点般地落下来。他抽打得很有条理，也很均匀，黑七的身上渐渐地就出现了排列整齐的印迹。尽管黑七疼痛难忍，但也大感意外，它没有想到这个马杰竟然有如此厉害的鞭技。马杰在这天夜里就这样往黑七的身上抽打一阵，去水渠里蘸一下鞭子，接着再继续抽打。直到后半夜，他才终于停下手，将鞭子在木柄上缠了缠，然后走到黑七的面前说，我希望今天夜里的事，你能牢牢记住，下一次可就没有这样简单了。他这样说着，又用手拍了拍黑七那颗硕大的头颅，如果黑六在天有灵，它会告诉你的。但这时，黑七反而平静下来。它盯着马杰，突然眯起眼，又在眼角皱出了一些鱼尾纹。

好吧，你就笑吧，马杰点点头说，只要你有胆量，咱们就走着瞧。

他这样说罢，将鞭子插进身后的腰里，就将黑七悄悄地牵回来。

第二天早晨，贫协主任酒醒之后来牲口棚里添草料，突然发现黑七的身上起了变化。黑七原本是纯黑的，这时却不知怎么变成了灰驴，而且不是正灰，隐约还能看到一些泛红的斑点，似乎一夜之间就成了一头雪花青。贫协主任以为是自己看花了眼，走到近前又仔细观察一阵，就发现了一件更奇怪的事情，黑七的脸上竟然还是本色，而且一头乌黑的皮毛显得更加油亮。贫协主任觉得这件事非同小可。恰在这时，胡子书记和大莲队长来到牲口棚。胡子书记和大莲队长先是很认真地看了看黑七，也没看出究竟是什么问题。但就在这时，胡子书记突然闻到贫协主任的身上有一股酒味，立刻问他，你昨晚喝酒了？

贫协主任点点头，说喝了一点。

大莲队长一听也立刻警觉起来。

于是问，昨晚，还有谁来过这里？

贫协主任吭哧了一下才说，知青马杰。

大莲队长和胡子书记相视一下，当即就奔知青集体户来。

马杰这时还没有起，仍然仰在炕上酣然大睡。胡子书记一走进来就闻到一股浓重的酒气，于是上前一把拽起马杰，沉着脸问，你昨晚去牲口棚，都干了啥好事？

马杰坐起来，揉揉眼，愣了一下才看清是胡子书记和大莲队长。

他懒散地说，我现在，还能干什么好事？

大莲队长问，你去跟贫协主任喝过酒吗？

马杰说喝了，心里烦，喝一点酒散散心。

大莲队长又问，黑七的身上是怎么回事？

马杰说我是跟贫协主任喝酒，又不是跟黑七，它的事我怎么知道？

胡子书记明白了，马杰是无论如何不会承认的。而且，他也实在想不出马杰究竟用了什么手段才使黑七变成这样的。于是说，好吧，你赶快起来，抓紧时间收拾行李吧。

去哪？马杰有些奇怪。

去工地。胡子书记说。

胡子书记告诉马杰，公社马上要动工挖一条排灌渠，已经下发通知，让每村至少派一名劳力，还要出一头牲畜，立刻去工地报到。这时大莲队长也缓下口气，对马杰说，你现在的情况，自己心里应该最清楚，这一次闹出的事在村里影响很不好，非常不好，我已经派人把彩凤送去了她姨家，你这一阵也不要待在村里了，就先出去挖渠吧。

马杰听了想一想，觉得这对自己倒是一件好事。

胡子书记又说，关于派牲畜的事村里也已研究过了，就让黑七跟你去。胡子书记盯住马杰，又意味深长地说，虽然这一阵，黑七跟你闹出一些事来，可毕竟一直是你用它，你们彼此熟悉，况且它在村里除去拉车也没别的用处。马杰一听是黑七，立刻要说什么。胡子书记却冲他摆一摆手，说别的话就不要再说了，这件事已经决定了。

马杰来工地时就已有预感，后面可能还会出事。他没有想到的是，这一次闹出的事竟然不可收拾。

马杰对我说，其实在他出来前，北高村的贫协主任就提醒过他。贫协主任对他说，他早已看出来，黑六和黑七这两头驴的心计太深，不知是不是它们出身的缘故，好像总跟人民公社不是一条心。贫协主任指着自己的那条断腿告诫马杰，说驴要歹毒起来可比人厉害，尤其这头黑七，表面看着不声不响，心里更比黑六深得没底，带它出去可千万要小心。

马杰对我这样说时，正在工地附近的一个水塘边上给黑七喂树叶。

这一次挖渠任务，我也被南高村派出来。但与我一同出来的还有一个当地农民，所以牲畜的事不用我去操心。关于黑七，马杰早已对我说过一些，因此我对它并不陌生。我很认真地观察过这头黑驴，却没看出有什么特别，我甚至觉得它比一般的驴还要猥琐，看上去不仅没精打采，还有些呆头呆脑。按公社规定，各村派出的劳动力工地上是统一管饭的，但牲畜不管，要自己解决。马杰虽然也带来很多饲料，却从不喂黑七，他将这些饲料都拿去跟附近村里的农民换了旱烟和地瓜烧酒。马杰说对黑七这种畜生就要采取虐待的方式，如果让它吃饱喝足，它就又会有精神生出一些事来。所以，他只是将它牵来附近的水塘边，喂一些树枝树叶或塘里的水草。这些东西黑七当然难以下咽。马杰却并不在意，爱吃不吃，渴了就让它喝水塘里的水。这是一个死水塘，青黄色的塘水已有些发臭，上面还漂了一层肮脏的浮萍。有时黑七宁肯伸着头去舔吃那些水面上的浮萍，也不愿吃树叶。

就这样，黑七很快瘦下去，渐渐地连肚子两侧的肋骨也显露出来。

最先发现问题的是工地上的质检员。质检员姓杨，来公社之前也曾在村里喂过牲畜，因此对这方面很在行。杨质检是从黑七的粪便里看出问题的。于是一天傍晚就来找马杰，问他这头驴是怎么回事。马杰有些奇怪，说没什么事啊，很正常。

杨质检摇摇头说，可是看它的粪便，好像不太正常。

杨质检问，你每天给它喂的，是什么饲料？

马杰说牲畜还能喂什么饲料，当然是草料。

杨质检问，哪一种草料？

马杰说就是一般的草料。

杨质检说不对，我怎么看着好像还有树叶。

马杰一听笑着说，可能是它自己从地上捡着吃的。

杨质检点点头，说这样最好，现在工程很紧，上级要求的时间更紧，所以不仅是人，牲畜的任务也很繁重，一定要让它们吃好喝好，还要注意它们的休息，这样才能确保工程正常进行。杨质检临走又特意叮嘱，说你要注意了，要我看，这头黑驴的肚子好像有问题。

黑七的肚子确实有了问题。由于马杰经常给它吃一些树叶水草之类的东西，又喝塘里的脏水，很快就拉起稀来。黑七拉稀也与众不同。它的肚子里似乎胀满了气体，每次拉稀前总要先放一个很响亮的屁，然后东西才随着气体一起喷出来，看上去就像一团米黄色的烟雾。如此一来，也就给马杰增添了许多麻烦。这条排灌渠其实就是一条河道，按设计要求不仅具有相当的宽度，深度也达五米左右，因此岸坡非常陡峭，从渠底挖了泥，仅凭人的力量根本无法用手推车推上来，必须要用牲畜在前面拉坡。马杰将黑七的绳索拴得很短，这样可以便于他一边推车一边用鞭子抽打。但黑七在拉坡时一用力，往往憋不住肚子里的气体和稀屎，经常会直接喷向在后面推车的马杰。如此一来马杰就要时时提高警惕，每当听到很粗闷的一声，立刻就要低下头去迅速将自己藏到车后，接着他的头顶上就会出现一片昏黄的雾气。马杰很快就寻找到一个有效的办法。他再挖泥时，将铲起来的泥条一锹一锹在车里排列整齐，然后再像砌砖一样一层一层码起来，这样就形成了一道很高的像墙一样的屏障。如此一来，马杰的表现就显得格外突出。工地领导当即向马杰提出表扬，号召全工地都来向他学习，为了早日完成挖渠任务"一不怕苦、二不怕死"。上级领导为此还特意奖励了黑七一袋精细饲料，说它的表现和马杰一样，也是其他牲畜学习的榜样。

但是，这袋饲料黑七并没有吃到。当天晚上，马杰给黑七喂过树叶，就将这袋饲料弄去附近的村里跟当地农民换了一瓶地瓜烧酒和几个老腌儿鸡蛋。我曾经很认真地提醒过马杰。我对他说，最好对黑七不要太过分。我说让牲畜拉坡其实是一件很危险的事，你不为黑七想也要为自己想一想，它的身体一旦被搞垮，爬坡时突然拉不动车，那后果是不堪设想的。马杰听了只是微微一笑。他说没关系，他了解这头畜生。

但是，接下来的事情还是被我说中了。

关于这件事我一直没有搞明白。我觉得这很像是一起普通的事故。原因当然在马杰。由于马杰经常让黑七吃树叶，而黑七又一直拉肚子，体力也就越来越差，因此发生这场意外应该是黑七体力不支造成的。但马杰却对我说，你太善良了，也太小看这头畜生了，它可不是一般的驴，你就是给它吃一年的树叶再让它拉坡，只要它肯咬牙也照样能爬上去。马杰很肯定地说，这畜生就是故意的，它这一次的用心更歹毒，它是想要我的命。

但我仍然将信将疑。我很难想象黑七会有这样险恶的用心。发生这件事是在工程接近尾声的时候。这时水渠已挖到最底层，地下水也渐渐渗出来。因此工程也就更加艰难，大家不再是挖泥，而是用铁锹在水里捞泥。那是一个上午。当时马杰正赶着黑七爬坡。岸坡不仅泥泞，也越来越湿滑。就在黑七快要爬到坡顶的一瞬，它突然站住了，四个蹄子用力在地上刨着不停地打滑。马杰立刻看透了它的心思。以往黑七也曾耍过这样的伎俩，爬坡时故意表现出筋疲力尽，上去卸车后好趁机休息一下。但这一次马杰却不想让它休息。就在前一天的晚上，工地刚刚为劳力们加钢。所谓加钢就是改善伙食的意思，每人一大碗油汪汪的炖肥肉，外加八个浑圆雪白的硬面馒头。因此马杰这时仍然浑身是劲。马杰抢起鞭子就朝黑七抽了一下。他这一下非常狠，正抽在黑七的耳根上。马杰当然知道，牲畜的耳根是轻易不能抽打的，由于这里过于敏感，牲畜往往会因为突然的疼痛而受惊。但是，马杰故意要这样做，他就是想警告一下黑七，让它明白，他已看透了它的小聪明。黑七挨了这一鞭子突然一愣，然后把身体微微地向后顿了一下。这时它的四个蹄子已深深地插进泥里，浑身的骨头也将毛皮用力地绷起来。它慢慢回过头，朝马杰看了看。

马杰突然发现，它的眼角又皱起了一些鱼尾纹。

他原本已经又一次举起鞭子，这时突然停住了。

就在这时，黑七的屁股慢慢塌下去，接着将身体猛地一缩，又用力向前一蹿。它的用意显而易见，是想故技重演再一次从辕套里钻出去。但马杰已接受了上一次的教训，事先早有防备，他将黑七牢牢地在辕套里拴死了。如此一来事情也就更加严重。黑七拉着车原本是绷紧气力的，这时稍一松劲，泥车立刻就顺着岸坡开始向下溜去，而且越溜越快。待黑七意识到自己根本无法从辕套里钻出去，再想将车控制住为时已晚。这辆装满湿泥的手推车拖着黑七一直向下冲去，接着又猛地一颠，便裹挟着马杰一起翻下沟底。马杰的两手仍然紧紧抓住手推车的把手。他只觉天旋地转，很快就被一股巨大的力量抛向一边。就在他被泥土埋起来的最后一瞬，看到黑七一直滚下来，被沉重的泥车砸在了下面。

马杰这一次险些丢了性命。他从泥里被挖出来时，耳朵鼻子和嘴里都塞满了泥浆，憋得几乎透不过气来。杨质检立刻指挥大家拉过一根胶皮管，接到一台抽水泵上用力朝他冲了一阵。直到将他冲出本来面目，又狠狠打出几个喷嚏，吐出一些泥沙，才终于喘过气来。

但是，黑七却没有这样走运。它的一条前腿被砸断了。

工地的杨质检亲自用一台拖拉机将马杰和黑七送回村来。北高村的知青集体户是在村口，所以杨质检没有进村，直接就将马杰和黑七拉来集体户。马杰送走杨质检，回到集体户的院子时，突然发现黑七又站在了门口那面墙壁的前面，正冲着墙上的那张驴皮呆呆地发愣。它的两个耳朵软耷耷地垂下来，鼻孔里发出秃噜秃噜的喘息声。那条伤腿还不时地往上抬一抬，似乎想触摸一下墙上的那张驴皮。但这驴皮实在挂得太高了，它触摸不到。它的眼里似乎蒙了一层雾气，接着就有一些像泪水一样的浑浊液体流淌出来。马杰走到它跟前，抓住缰绳用力拽了拽，想把它从这张驴皮的前面拉开。他觉得它这样看着这张驴皮让人很不舒服。但他使劲拉了几下，却没有拉动。黑七仍然执着地朝墙上看着，四个蹄子像是钉在了地上。马杰用缰绳朝它脸上狠狠地抽打了一下。

黑七突然回过头，盯住马杰。

马杰与它的眼神碰到一起，不禁愣了一下。

就在这时，胡子书记和大莲队长带着几个村干部来到集体户。他们正在村里开会，研究秋收的事，听到消息就立刻赶过来。胡子书记先询问了一下马杰和黑七的伤势。马杰说自己倒没有太大问题，只是肺里呛了一些泥水，还有些咳嗽，身上和腿上也被砸了几处，并没有伤到筋骨。但贫协主任很快发现，黑七的问题却很严重。贫协主任将它的那条伤腿搬起来看了看，发现已断成三截，于是摇摇头说，这畜生废了，以后没啥用了。

胡子书记还有些不死心，看了看贫协主任。

要不要……再牵去公社兽医站看一看？

大莲队长也说，牲畜的事，最好慎重。

马杰却在一边说，不用看了，没用了。

没用了？大莲队长问。

没用了。马杰说。

胡子书记和大莲队长商议一阵，又跟几个村干部碰了一下。

然后，胡子书记就点点头说，好吧，看来杀是一定要杀了。

大莲队长说，喂一喂也好，秋天正是牲畜上膘的时候。

胡子书记看一眼马杰说，等喂得肥一些，还是由你来杀吧。

就在这时，谁都没有注意，站在旁边的黑七慢慢抬起头，朝胡子书记和大莲队长这边看了看，又用力瞥一眼马杰和贫协主任，然后转过身，就一瘸一拐地向门外走去。

接下来的事情就有了一些传奇色彩。

马杰对我说，这件事确实令人难以置信。

那时已是初冬季节。田里的粮食收到场上，都已用苇席一垛一垛地囤起来。马杰因为身体还没有完全康复，就被派到场上守夜。就在这一天的下午，村里刚刚做出决定，第二天上午，要由马杰动手杀掉黑七。尽管马杰一再向村里提出，他的身体还很虚弱，杀黑七不是一件简单的事，恐怕自己还没有这样的气力，但胡子书记的理由似乎更加充分。胡子书记说首先，当初黑六就是由马杰杀的，而且事实证明，他这种砍头的方法也很好，不仅可以使牲畜少受痛苦，浑身的血一下被放出来，肉也更加好吃。再有，胡子书记说，让马杰来杀黑七应该也最合适，黑七这段时间没少跟马杰找麻烦，起初大家还怀疑，是不是马杰对村里有什么意见才故意在黑七的身上出气，但现在看来，应该不是这么回事，而且经公社的杨质检证实，这一次在工地上，黑七还差一点就要了马杰的命，所以，胡子书记说，让马杰杀黑七也正好可以出一出心头的闷气。胡子书记最后又说，还有一点也很重要，村里人都不愿动手杀牲口，这马杰应该是知道的，所以让他来杀也算是为村里做了一件好事，大家的心里都有数，自然是很感激的。

马杰听胡子书记这样一说，也就不好再说什么了。

在出事的这天夜里，天很阴，到后半夜时还飘起了细碎的雪花。马杰像往常一样，先去四周巡视了一遭，看一看没有什么事，就在场边点起一堆火，然后掏出一瓶地瓜烧酒独自喝起来。这时四周万籁俱寂，只有远处的田野里偶尔传来土獾或黄鼬的叫声。马杰一边喝着酒，忽然想起彩凤，心里不免有些伤感。据大莲队长说，彩凤的姨家是在关外，她的姨已在那边给她找了一个对象，而且很快就要结婚了。马杰想，他和彩凤也许今生今世都不会再见面了。于是他又想到了黑七。他觉得他和彩凤的事弄成今天这样完全是黑七造成的。他怎么也想不明白，这个黑七不过是一头驴，它为什么会对自己怀有如此刻骨的仇恨。

马杰正在这样想着，忽然听到一阵轻微的笃笃声。

这声音时断时续，又非常的清晰，似乎越来越近。

他慢慢回过头，朝黑暗里看了看，就看到了黑七。

黑七显然是啃开缰绳溜出来的。它的一条前腿仍然高高地抬起来，走路的样子有些奇怪，像在跳一种舞蹈。这时，它走到马杰的面前，歪起头很认真地看着他。马杰借着火光突然发现，它的眼角又皱起了一些鱼尾纹。它的脸已明显地胖起来，因此这些鱼尾纹看上去就更像了一种很怪异的笑纹。马杰慢慢站起来，也盯住它看着。就这样对视了一阵，黑七就慢慢转过身，不慌不忙地朝着附近一间堆放工具的土屋走过去。在那间土屋的门口放着两只巨大的油桶，里边装满农机用的柴油。黑七走到一只油桶跟前，低下头去用力顶了一下，又顶了一下。就在这时，马杰突然有了一种不祥的预感。他立刻朝那边扑过去。但是已经晚了，那只油桶被顶得晃了几晃，咕咚一声就倒在了地上，里边的柴油立刻汹涌而出。接着，黑七做出了一个更令人吃惊而且不解的举动，它慢慢躺下去，在那流淌的柴油里滚了几下。它身上的皮毛虽然短却很蓬松，这样一滚那些柴油立刻就被吸进去。它又滚了一阵，用力站起来，然后一瘸一拐地朝马杰走过来。它的那条前腿仍然高高地抬着，似乎在挥舞着一只拳头。马杰突然明白了，立刻转身朝场边跑去。在那边堆放着两垛秫秸，秫秸垛的旁边就是一囤一囤的粮食。但黑七的动作却比马杰更快，尽管它瘸着一条腿，看上去仍然异常的灵活，它只在那堆火上一跃而过，身上就立刻燃烧起来。接着，它一扭头就猛地朝马杰直冲过来。马杰向后倒退了两步，转身朝着粮垛相反的方向跑去。事后他对胡子书记和大莲队长说，他这样跑当然是想将黑七引开，因为他已明白了它的企图，他绝不能让它的阴谋得逞，更不能眼看着贫下中农辛苦一年的劳动果实付之一炬。但是，他却告诉我，他当时这样跑其实是慌不择路，倘若他再跑慢一点浑身燃烧的黑七就会朝他撞过来，那样他的后果将不堪设想。在那天夜里，马杰就这样不顾一切地向前狂奔着。黑七则跟在后面紧追不舍。黑七身上的火焰越烧越旺，几乎将村外的田野映得通亮。直到马杰在村外绕了一圈，又跑回知青集体户，黑七追到门口终于无法再跑了。这时它的身上已着起了熊熊大火，皮下的油脂噼噼流淌着，使耀眼的火焰一直升腾到半空。它就那样站在知青集体户的门外，睁大两眼瞪着惊魂未定的马杰。那条伤腿仍在一下一下地用力挥动着……

天亮时，雪已越下越大。清新的空气里弥漫起一股肉香。但这香味有些奇怪，隐隐地含着一些焦煳，似乎还混有一些柴油的气味。北高村的人们寻着这气味来到村外，赫然看到了黑七。这时的黑七仍站在大雪里，身上只剩了一具灰褐色的骨架。这骨架还在冒着一缕缕坚硬的青烟，看上去如同金属的一般，就那样硬挺挺地站立在雪地里。

《收获》2006年第3期

云　端

马晓丽

一

云端。

在俘房名单上看到这个名字的时候，洪潮吃了一惊。

这名字不容易重。记得母亲告诉她，她出生后怎么拍打也哭不出来，把人都急死了。大家正不知如何是好呢，忽然从空中传来了一阵缥缈的洞箫声，就像一直在等待着前奏的引领一样，她立刻随着洞箫的呜呜放声大哭起来，而且长哭不止竟一发而不可收了。焦急守候在外面的父亲听到终于传出了婴儿的啼哭声，不由长长地嘘了口气，拱手仰天吟道："天籁降府第，长歌入云端啊！"她因此就叫了云端。

只是现在她已经不叫云端了。

参加革命的时候，负责登记的同志问她叫什么名字，她刚回答说叫云端，旁边一个首长模样的人就插嘴道："这名字不好，软绵绵、轻飘飘的，太小资产阶级了。"说罢斩钉截铁地挥了一下手臂说："改了吧！"她吃惊地瞪了那人一眼。那人却根本没注意她的反应，自顾自地思索着说："改个什么名字呢？得有力量、有热情、有气势……对了，洪潮！就叫洪潮吧。把自己融入革命的洪潮之中！怎么样？"他兴奋地问，却是对着登记的同志而不是她。登记的同志连声叫好，立刻就在登记簿上写下了"洪潮"两个字。写完才抬头问她："洪潮同志，你看这样可以吗？"没法不可以了，她已经被叫作洪潮同志了。再说她当时的热血也正沸腾着呢，心想自己既然参加革命了，就应该有个革命的名字，做个彻底的革命者。这样想着，就朝着那个陌生的名字，仓促地点了点头。

她于是就叫洪潮了。

虽然不再叫云端了，但在内心里她却认为云端这两个字仍然是属于她的，而且只属于她。要知道，这两个字是随她的生命而来，又是由父母亲手嵌入她的生命之中的呀。说心里话，她非常喜欢云端这个名字。在家时，父母总喜欢拖着长腔呼唤她："云——端——呃——"云端这两个字经父母那浓重的乡音酿过，就像老酒一样有味道，听着醉人呢。所以她虽然改叫了洪潮，但心里却从未真正摈弃过云端这个名字。当然了，这个想法她对谁也没说过。她把它藏在心里了，深埋了。

洪潮其实不愿意看管俘虏。但这次部队端了敌人的一个留守处，押送来的"战利品"主要是几个女人。据说，这几个女人都是正被我们部队围困着的敌徐克璜师的家属。按政治部主任的话说，都是些国民党的小老婆，重要得很呀！政治部主任，也就是给她改名的那位首长很有意味地眨巴着眼睛对她说，可别小看了这些个小老婆，关键时候能当战斗力用，能派上大用场呢！末了，主任就只一句话：洪潮你去吧，娘儿们兮兮的，别人看管不方便。洪潮就只好去了。

大院里静悄悄的。洪潮在大门口停了一下，摸了摸手枪，紧了紧腰带，使劲地咽了口吐沫，这才绷住劲儿脚步噔噔地走了进去。

一眼就看见了那几个小老婆，瘟鸡似的瑟缩在一起，惊恐的目光磷火般地在灰头土脸间睢睢。洪潮心下一松，绷着的那股劲儿立刻泄去了一半。

只有六七个人，都很年轻。有一个看上去年纪稍大些，也不过就三十多岁的样子，那几个多说也就二十多岁吧。洪潮挨个看去，这才发现有个人一直背对着她，就伸手指了指说："你，转过来！"那人没动，旁边的人赶紧捅了捅，那人才受惊似的抖动了一下，缓缓扭动身子，转过来一张清丽的脸。

不知为什么，洪潮一看到这张脸就感到不舒服，刚松下来的那股劲儿立时又绷得紧紧的了。

其实这张脸并不难看，只是在一团灰头土脸当中显得有些不和谐。开始洪潮以为是太洁净了的缘故，仔细看去才发现这张脸其实并不洁净，也与其他脸一样地蒙尘挂垢。

区别似乎是在眼神儿上，洪潮注意到这张脸上的眼神儿有点不太一样，没有那种磷火般的惊恐，却有着一种与此情此景完全不符的涣散。大概就是这涣散令洪潮不舒服。洪潮不由自主地使劲儿咽了口吐沫，赶紧在自己的目光中加了些颜色，尽可能做出冷峻的样子盯住那张脸。

洪潮等着，等着看那眼神儿在自己的逼视下发生变化，等着看那里面的涣散消失，等着看那里面也生出磷火般的惊恐……

令洪潮失望的是，那眼神儿却始终不见改变，像弥漫在心思里收拾不起来了似的，就那么一直涣散着。

洪潮有点泄气了。洪潮本来就对自己信心不足，她知道自己长相儒善，生性羼弱，怎么努力也表现不出应有的威严和气概，缺乏对敌人的震慑力。主任常批评她性情太温和，太小布尔乔亚，太缺乏革命斗争精神。参加革命后不久，把她从家里带出来的表哥突然被打成了托派。为了排查她是不是也跟表哥一样是"托匪"，组织上对她进行了审查。结果她连话都没听完就哭了，从头哭到尾，翻来覆去地只会说一句话：我不是土匪，我家是读书人家，我们家跟土匪从来都没有一点关系……本来因为表哥的牵连她的嫌疑挺大，但主任一看她那副小姑娘的死哭相，看她连"托匪"和土匪都分不清楚，就摆摆手干脆作罢了。后来主任就动员她与表哥划清界限，动员她劝说表哥承认错误。她态度表得好好的，但就是眼泪不争气，一见表哥的面，眼泪就止不住地流，直流得山高水长、天昏地暗，结果主任教她的那些话一句也没说出来。后来主任不止一次地严厉批评她，说洪潮你现在是个革命战士了，哪能水做的一样。告诉你，革命斗争残酷着呢，真要是面对敌人怎么办？你呀，你要好好在革命队伍中经受锻炼和考验！

现在，洪潮真就是面对敌人了。

现在，洪潮真就是在经受锻炼和考验了！

洪潮咬住劲儿继续盯住那张脸。

那张脸却仍旧毫无变化，眼神儿还那么涣散着。

洪潮真有点受不了了，她觉得心里有什么东西开始一阵阵往上顶，顶得胸口憋闷闷的，嗓子眼儿火燎燎的，脑门子涨乎乎的……

"起来！都站起来！"洪潮听见自己突然大喊了一声，声音尖厉得吓了自己一跳。

小老婆们也吓了一跳，"呼隆"一下就都站起来了，惊魂未定地望着她。

洪潮却只盯住一张脸看——那张脸终于变化了，犹如在池水中投入了石子，洪潮看到一波惊惧从眼里飞溅出来，迅速淹没了眼神儿里的涣散，淹没了脸上的飘忽神情。她如坠地般蓦然惊醒后，眼见着就同那几个小老婆一样瘟鸡了。

洪潮心里稍稍松了口气，不由得有点兴奋，有点找到了感觉的意思。她定了定神，尽量保持住气势，用冷峻的目光把那些小老婆依次扫视了一遍。

洪潮发觉自己的目光突然变得很有力量，如机关枪一般扫到哪里，哪里就堆萎下去一大截子，扫到谁，谁就打哆嗦。这种感受令洪潮十分振奋，蛰伏在心里的自信呼地就被点燃了，腰杆儿立刻挺得笔直。

洪潮沉住气，收回目光，调了调嗓音，尽量压着说："现在我点名，点到谁谁回答，听清楚了没有？"

"是，长官。"

"听清楚了，长官。"

小老婆们高低不一长短不齐地应着。

洪潮觉得自己这时应该皱皱眉头表示不满，然后再厉声训斥她们几句，告诉她们应该怎样回答。但她有点不习惯，怕把握不好。略做思索之后，洪潮还是决定把这个步骤省略掉，就把目光直接移到手里的名单上了。

"云端"这名字一下就跳了出来。洪潮真想先点这个名字，但她忍住了。她想给自己留一点悬念，留一点余地。她先点了前面的两个，一个叫梁素美，年纪大一点的那个，证实是师长徐克璜的太太；另一个叫佟秋，竟然也是徐克璜的太太，是小老婆，名副其实的"国民党小老婆"。

下面一个就是云端了。洪潮心里突然有点发慌，是那种有所期待又有所担忧的心慌。洪潮定了定神儿，这才张嘴喊道："云端。"

"……是我。"

循声望去，洪潮看到了那刚刚收拾起的涣散眼神儿。

原来是她！

果然是她！

洪潮这才发现其实自己早就凭直觉猜出了是她，也可以说其实自己心里一直隐隐约约地希望是她。洪潮也解释不清这是为什么，反正这些人中间如果一定要有个叫云端的话，她倒宁愿是她。

她看着她。

她也看着她。

洪潮突然没头没脑地问了一句："为什么叫这个名字？"

她被问蒙了，愣在那。

洪潮觉出了自己的失态，马上改口问道："你丈夫叫什么名字？"

"曾子卿。"

"什么职务？"

"团长。"

洪潮找到了曾子卿这一页，上面写着这样几行字：

曾子卿，敌徐克璜师主力团团长。早年曾参加过学生运动，抗日战争爆发后，积极投入抗日救亡运动，后投笔从戎加入国民党军队。因深受该师师长徐克璜赏识，由副官直接提升为上校团长。参加及指挥过的战斗有……

二

云端睡不着觉。连续很多天了，云端一直都睡不好觉。倒不是因为被俘，不是因为条件不好，也不是因为身下的炕太凉或是太热，就因为子卿不在身边。云端总是这样，没有子卿的臂膀搂着，没有子卿的身子暖着，她就是睡不好，夜夜如此。

云端是个离不开男人的女人。这一点她自己心里最清楚。从子卿第一次拥抱她、吻她的那一刻起，她就迷恋上了这种肌肤相亲的眩迷感觉，那时她才15岁。她是在偷偷跑到戏园子里看《西厢记》的时候认识子卿的，从那时起她就再也离不开子卿了。此后的这些年间，无论子卿做什么她都一直追随着他。子卿读书时热衷于各种政治运动，云端虽然对政治毫无兴趣，但因为子卿，她就义无反顾地积极参加。无论是游行、请愿、呼口号、撒传单，她都与子卿手挽手跑在最前面。其实那些传单她从来就没认真看过，那些口号她也从来没认真想过。她才不管那些呢，她做这一切只是为了子卿，只是为了能与子卿在一起。后来子卿要去前线抗日，她想都没想就跟子卿走了。没问去哪，也没问去多久，她只要夜夜能被子卿搂在怀里就足够了。

但她很快就发现为军人妻这是奢望，太大的奢望。子卿常要离开她去打仗，有时十天半个月，有时一去就几个月。每次给子卿收拾出行的衣物，云端都会黯然神伤。

这时子卿就会逗云端，尖成红娘的嗓音问："小姐，给公子带何衣物哇？"

云端就用莺莺的腔调答："无可表意，只有汗衫一领，裹肚一条，袜儿一双。"

子卿问："这几件东西带与他有何缘故？"

云端答："你不知道，这汗衫哪——"接着唱道："他若是和衣卧，便是和我一处宿，但贴着他皮肉，不信不想我温柔。"

子卿又问："这裹肚要怎么？"

云端唱："常则不要离了前后，守着他左右，紧紧地系在心头。"

子卿再问："这袜儿如何？"

云端又唱："拘管他胡行乱走……"

唱着唱着，云端的眼泪就会止不住地流淌下来。这时子卿就会默默地走上前，紧紧地抱住她。

每次子卿走的前夜，云端都要好好待子卿一回，也要子卿好好待自己一回。完事后，云端总要使劲咬住子卿的耳朵说："我好好待你，是为了让你记住我的好，让你为了我的好，好好爱惜自己，好好给我回来！"子卿也总是轻轻咬住她的耳朵说："我好好待你，是为了让你记住我的好，让你为了我的好，好好爱惜自己，好好等我回来！"他们默契地从来不提那个字。似乎坚信只要不提，那个悬挂在军人头上的黑字就永远不会落下来，永远不会无情地砸到他们头上。

子卿走后，云端就开始失眠。在那一个个无眠的长夜，陪伴云端的只有《西厢记》里那些月凄夜冷的句子。每每"对着盏碧荧荧短檠灯，倚着扇冷清清旧帷屏"，云端就愈发想念子卿的温馨，愈发感伤眼前的"枕头儿上孤另，被窝儿里寂静"，结果常常是"灯儿又不明，梦儿又不成"，双泪长流到天明……

有人在哭，是躲在被窝儿里使劲儿憋着的那种哭。云端听到在断断续续的呜咽中，伴有徐太太的叹息声，就知道一定是佟秋，一定是为了白天的事。

白天，佟秋藏在身上的东西被搜出来了，是那个女长官亲自搜出来的。

谁也没想到佟秋身上会藏着东西。被俘后，她们携带的所有东西都被仔细检查过，除了随身的日用品又发还给她们，其他东西都被拿走了。跟她们说是统一保管，日后再还给她们，但谁也不相信这种话，当场就有人忍不住哭起来了。云端没哭，不是不心疼，也不是相信日后真能还，只是觉得哭不哭的没什么意思，终归是哭不回来的，又何必。事后想想，当时徐太太和佟秋也没哭，这就有点不对劲儿了。她们的东西最多，徐太太又素以爱惜财物著称，连个别针都不肯丢了的人，一下子丢掉这么多东西怎么能不心疼不掉泪呢？

令云端不解的是，佟秋身上藏着东西这件事，应该只有徐太太和佟秋两个人知道，连她们这些一起被俘的人都不知道，那个女长官是怎么看出来的呢？

当时她们正在吃饭。饭不好吃，这是预料到的。云端倒不在乎，反正她也没胃口。但徐太太不行。徐太太是讲究惯了的，在留守处住时徐太太都不肯跟大家一起吃，餐餐都是佟秋亲自下厨。佟秋原是徐太太的陪房丫头，一直伺候着徐太太，据说给徐师长做小也是徐太太从中撮合成的。虽说叫了个二太太，但也只是名分变更了，仍跟个丫头差不多，整天还是脚前脚后地伺候着徐太太。吃饭的时候，佟秋跑来跑去地给徐太太盛菜端饭。徐太太先是不吃，后来在佟秋的劝说下勉强吃了几口就把碗筷推到一边去了。佟秋赶紧几口把自己的饭吃完，捡了碗筷就去洗。这一切，都被那个女长官在一旁看得一清二楚。

关键是佟秋还没等洗完碗，就慌慌张张地往院外的厕所跑。云端见女长官一直盯着佟秋的背影，就随着也看了一眼。这一看，云端不觉笑了。佟秋走路的姿势真别扭，她好像真是憋坏了，想快走却又把两条腿夹得紧紧的，结果弄得身子直拧劲儿，像个鸭子似的屁股在身后乱扭。

就在佟秋快要扭到厕所门口的时候，女长官突然把她叫住了："佟秋，你回来一下。"

女长官的声音并不高，佟秋却显然吓了一大跳，猛地停住脚，连头也不敢回，就那么一动不动地钉在原地了。

女长官又说了一遍："佟秋，你回来一下。"

佟秋没动。

女长官走上前，狐疑地上下打量着佟秋，佟秋的脸霎时变得惨白。女长官厉声道："听我的口令，围着院子跑步。"

佟秋的身子晃了一下，仍旧没动。

徐太太突然冲了出去，强笑着哀求道："长官，她要去小解……"

女长官看也不看徐太太，执着地盯住佟秋喊道："听我的口令，跑步——走！"

佟秋求救般地看着徐太太，几乎就要哭出来了。徐太太急得一把揪住女长官说："长官，你就让她去吧，她尿急，让她解完手再跑也不迟呀！"

女长官脸涨得通红，使劲甩徐太太的手，徐太太却像抓住了救命稻草似的死抓着不放。

云端终于看不下去了，远远地念了一句道白："得好休，便好休，这其间何必苦追求？"念罢不声不响地望着女长官。

女长官愣了一下，定睛回望着她。

云端发现女长官的目光很复杂，起初有些惊异，甚至是好奇。当她用惊异、好奇的目光看人的时候，就显得有些单纯，有些孩子气。但随着一丝不快的阴影从目光中掠过，她的目光立刻就变得冷峻了。紧接着那目光就迅速地由冷峻到烦躁，由烦躁到恼怒，终于喷发出来——

女长官突然扭头冲着佟秋大声喊道："快跑呀你！快跑！为什么还不跑?!"

佟秋只好开始跑了，边跑边流泪，但腿还是尽量夹着，所以显得别别扭扭的。

所有的人都用同情的目光默默地看着佟秋，所有的人都用憎恨的目光默默地看着那个逼迫佟秋跑的人。就在这时，意外的情况出现了。随着佟秋逐渐松垮下来的脚步，人们看到从佟秋的裤管里陆陆续续地掉出来了一些黄灿灿的东西——金条。

女长官把佟秋带进了屋子，让她自己解下绑在下身的月经带，把藏在里面的东西都搜出来了。一定是发现了重要情况，云端看到女长官只扫了一眼搜出来的那张纸，立刻就神色匆匆地走了。

还不待女长官走出院门，徐太太就捶胸顿足地号啕大哭起来。

云端木然地看了徐太太一眼，绕过她，自顾自地回到了屋里。

没想到竟会是这样的结果。云端觉得自己的脑子很乱。第一天看到这个女长官，云端就发现她是个厉害角色。面对那样一种集中了全部心力的目光，谁都会无端生怯，无法坦然面对的。女长官年纪不大，看起来比自己还要年轻些。挺整齐娟秀的一个女人，眉眼也雅致清爽。不使力的时候，文文静静的，透着温和，甚至有些懦弱。可惜总使力，一会儿大声喊叫，一会儿厉声呵斥，就有些破相。在云端看来，女人是不能使力的，女人一使力就劣了，韵致就全没了。云端就从不使力，无论对谁，尤其是子卿。

令云端担心的是，那个女长官似乎格外注意她。有好几次，云端偶尔回头时，都与女长官的目光突然相遇。虽然，每次都是女长官迅速躲开了她的目光，并没看出什么恶意，但云端的心里仍旧感到有些害怕。

隐隐地，云端觉得她与那个女长官之间似乎会发生点事，迟早会。

云端突然听到有人在外面低声呼唤："云端、云端。"像是子卿的声音。云端"呼隆"一声腾然坐起，急急开窗，却不见子卿的人影。她赶紧翻身下地开门，子卿的声音竟又躲到大门外了。云端就循着声音追了出去。追过了村口，追过了河沿，一程一程地追到了村外的柳条沟。

一见柳条沟，云端心里就害怕了。柳条沟不是活人的地界，遍地坟冢在月夜里阴森森地冒着寒气。云端四顾无人，刚要喊子卿，就见子卿满面鲜血地站在她面前。云端吓了一跳，扑上去想要抱住子卿，子卿却又突然消失了。云端站在那里茫然四顾，正焦急着，就听见了隐隐约约的哭泣声。

云端猛地睁开眼睛，还是佟秋在哭，还是伴随着徐太太长长的叹息。

外面，弦月低垂，月光透过窗棂飘洒进来，幽幽地，散发着清冷的光。

原来是个梦！

好可怕的梦！

云端心里一紧，子卿该不会是出事了吧？眼泪不由得顺着面颊扑簌簌地滚落下来。

三

主任对洪潮的表现十分满意，在大会上说："大家都知道洪潮原来的模样吧？水似的简直拿不成个儿，小资产阶级得很哪！现在怎么样？人家把那些国民党小老婆管得服服帖帖的，硬是连藏在裤裆里的金条都给搜出来了！"

私下里，主任对洪潮说："不错嘛洪潮，干得不错！那份情报很重要。等把徐克璜师拿下来我就给你请功！眼下嘛，你还得好好看管着这些国民党小老婆。记住，她们可都是我们手里的宝贝，得把她们给养活好。生活上可以放松点，有什么要求尽量满足，只要不出那个大院，想干什么就干点什么。伙食上嘛，我已经跟后勤部门吩咐过了，好东西先尽着她们吃，跟伤病员一样待遇。总之，不仅要让她们吃好睡好，还得稳定住她们的情绪，不能给我出一丁点儿差池。"

看管俘虏真是个烦闷差事。自从在佟秋身上搜出东西以后，俘虏们在洪潮面前就格外地畏缩。洪潮走到哪里，哪里就噤声；洪潮的目光扫到哪里，哪里就紧张；洪潮刚一张嘴，俘虏们的耳朵立刻就全立起来了。那天，洪潮见几个俘虏围着佟秋叽叽喳喳地看她绣花。洪潮也喜欢绣花，就忍不住向那堆人走去。结果她刚走到近前，周围立刻鸦雀无声了。她凑上去还没来得及看清楚呢，佟秋就赶紧放下手里的活站起来。洪潮说没事，你接着绣吧，我随便看看。佟秋虽又拿起了针线，但手脚却怎么也不听使唤了，针也纫不上了，针脚也码不齐了，紧张得只差没尿到裤子里。洪潮想让她放松，就问佟秋还带了别的花样吗？拿出来我看看？佟秋一听就要哭了，连连说没有了，什么也没有了，不信长官你搜，真的什么也没有了。弄得洪潮好没趣，只得转身离开了。结果这样一来，洪潮搞得反倒比那些俘虏还紧张，整天绷着。

能让洪潮放松的只有一个人——云端。

洪潮从来不叫她的名字，招呼她的时候只喊一声"哎"。奇怪的是她真就接受。而且不管周围有多少人，只要洪潮一叫"哎"，她就知道是叫她。自然得很，就像"哎"原本就是她的名字似的。

她能让洪潮放松，是因为她几乎从不紧张。她通体散发着一种天然的松散味道，即便是在紧张的时候，你也会感到她身体的某一部分是松弛的。使你觉得她的紧张只在表面上，是做给别人看的，她的内心其实并没有真正地紧张起来。

她不常与那些小老婆聚堆，整天懒懒地捧着本书，倒也不太看。目光很散，随便落哪是哪，有时在一个地方停留很久，有时只一瞬就挪开，停也无意，挪也无意，是个活在自己心思里的人。洪潮从她身边走过时，她从不像别人那样惊慌，总是目光空洞地看过来，如视无物般地从洪潮脸上掠过，就又回到书上了。

洪潮悄悄留意她手中的书，竟是一本《西厢记》。

洪潮也喜欢《西厢记》。还是在家的时候，表哥偷偷借了给她看过。她一看就喜欢上了，就放不下了。后来表哥借给她好多书看，但都没有《西厢记》那么喜欢，那么记忆深刻。但她从不敢说自己喜欢《西厢记》。在家里不敢提《西厢记》是因为母亲不容，母亲封建着呢，绝不会允许她看这种伤风败俗的书。参加革命后她还不敢提，是因为她发现革命队伍里也不容。革命队伍里不提倡那种卿卿我我、男欢女爱的小情调。

没想到她手里倒有一本。她倒是可以自自在在、明睁眼露地捧着《西厢记》看呢。洪潮不免嫉妒地想。

傍晚，老贺突然回来了。警卫员急匆匆地来找洪潮，说贺副旅长天不亮就得赶回前线去。洪潮一听就赶紧跑着回去了。

主任正在屋里坐着和老贺说话，一见洪潮气喘吁吁地跑进来立刻就笑了，说："洪潮你急什么嘛，老贺刚离开几天就想成这个样子了？"

洪潮一下站住脚，窘得脸一直红到了脖根儿。

主任见状哈哈大笑起来。老贺也笑了，狠狠地拍了主任一巴掌，招手示意洪潮坐到他身边来。洪潮这才挨着老贺坐下了。

主任见状就说："行行，我走还不行吗？"说罢站起身叹道："唉，这就是做媒人的下场啊。你把人家俩人撮合到一起了，人家立刻就嫌你碍事了。好，好，我走，我走。"

洪潮想去拉主任，却被老贺拦住了。

主任走到门口见老贺仍不开口留他，就回头笑道："好你个老贺，我还以为你只知道打仗呢，原来也这么恋女人……"话音未落，就被老贺笑着推了出去，咣当一声关在了门外。只听见主任在外面笑着喊了一句："老贺，没想到你也是个重色轻友的家伙呀！"脚步声就越来越远了。

屋里一下寂静了。

洪潮看了一眼老贺，老贺也正在看她。两人相视一笑，洪潮立刻把眼睛垂下去了。

老贺和洪潮是主任从中介绍的。之前洪潮就听说过老贺，因为老贺的名字在部队叫得十分响亮，大家都知道老贺是个红军，是个战功无数、令敌人闻风丧胆的英雄。部队里有许多关于老贺的传说。说在山东抗日时，有一次部队被鬼子扫荡拉大网围进去了。老贺带队突围与鬼子展开肉搏，一口气竟砍死了11个鬼子，硬是杀开一条血路，带领部队冲出了包围圈。还说老贺曾经乔装带着一车炸药闯鬼子的炮楼，把整整一个小队的鬼子和炮楼一起送上了天……所以洪潮一直觉得老贺很神，十分敬仰老贺。第一次见老贺时，洪潮手脚都不知往哪放了。老贺问一句，她答一句。老贺本来就是个话少的人，她再不敢出声，两人就只好闷着了。后来老贺就把枪从身上摘下来，先退下弹夹，再把零件一样样卸下来。见洪潮干坐着，就递给她一块擦枪布，嘴里"嗯"了一声，示意她擦枪。洪潮赶紧接过布，一件件擦起来。洪潮擦一件，老贺装一件，很快就把枪擦好装上了。老贺掂着枪想了想，突然朝洪潮诡谲地笑了一下，示意她好好看着自己。只见老贺用一块布蒙住眼睛，长吸一口气憋住后就开始卸枪，三把两把就把枪卸开了，又迅速地往一起装。每个动作都准确无误，简直比明眼人还利落。直到枪完全装好了，他这口气还没憋完呢，把洪潮看得眼儿都直了。见洪潮那副惊讶的模样，老贺十分得意，兴冲冲地又用那块布把洪潮的眼睛蒙上，把枪塞进她手里，让她也试试。洪潮显然不行，摸索了半天也拆不下来，自己忍不住直笑。好不容易拆开了，零件又放得哪哪都是，摸不着装不上的，看得老贺在一旁呵呵直乐。老贺就上前帮忙，把零件一件件放到她手里，又把着她的手往上装，这才把枪装上了。老贺摘下蒙在洪潮眼睛上的布以后，两人相视而笑，一下就觉得亲近了许多。

结婚后洪潮才知道老贺曾经负过许多次伤。第一次看见老贺裸露出身体时，洪潮惊得张着嘴半天说不出话来。老贺那疤痕累累的身体简直让人目不忍睹。老贺告诉她，长的是大刀片砍的，短的是刺刀捅的，还有几处是弹片炸的。"这个是枪眼。"老贺抠着一个伤疤说，"这里面总疼，可能有个弹头还在里面。你摸摸，看是不是有个硬家伙。"洪潮小心翼翼地伸手去摸。老贺说："使点劲儿，在里面，对，对……"洪潮的手指刚刚触到一个硬邦邦的东西，老贺就"哎哟"了一声。见洪潮吓了一跳，老贺又笑了，说："没事没事，这算啥？"指着肩窝处一个大伤疤说："这地方也是枪伤，当时子弹在里面闹感染，只有想办法把它抠出来才能保住我这条命。可当时一没医生二没麻药的，只好让几个兵把我按在门板上，硬是用刺刀给抠出来了。"洪潮伸手抚摸着那个足足能伸进一个拳头的大坑，鼻子一酸，眼泪差点掉了下来。这就是英雄，洪潮想。过去洪潮一直觉得英雄离自己很远，看不见，摸不着，只能远远地敬仰着。但现在洪潮不仅看到了英雄，摸到了英雄，而且成了英雄的妻子。一股激情从洪潮的心中油然升起，洪潮心里一下被骄傲和自豪感充盈得满满当当的了。

其实老贺心里对洪潮很好，洪潮能感觉出来。但不知为什么，洪潮就是怕老贺。也许是老贺年纪大的缘故。老贺大概比洪潮大十多岁，但到底大多少不知道，洪潮没敢问过。两人单独在一起的时候，洪潮从来不敢主动跟老贺讲话。这会儿洪潮垂头坐了一会儿，听见老贺"嗯"了一声，就知道是在招呼自己。洪潮抬起头，看见老贺果真招手让她过去。洪潮迟迟疑疑地走到老贺面前，老贺突然把背在后面的手伸了出来，洪潮的眼睛当时就亮了——老贺的大巴掌上托着一支小巧玲珑的手枪！洪潮不相信地问老贺："给我的?"老贺把枪往她面前送了送，使劲地"嗯"了一声。洪潮一把抓到手里，立刻眉开眼笑了。这把枪简直太漂亮了，小得让人不敢相信，枪身通体闪着瓦蓝瓦蓝的光，黄灿灿的子弹小巧得像女人的饰物，弹夹里一次能压6发子弹呢！洪潮高兴得简直要疯了！老贺让洪潮把枪别在腰间，转着身子从各个角度给他看。看罢，老贺满脸洋溢着心满意足的笑，响亮地拍了声巴掌，大声地说了句："好!"

随后，老贺就开始摘手枪，解腰带，脱军装了。洪潮赶紧站起来，一样样接过来，挂手枪，挂腰带，挂军装。

后来老贺就开始脱内衣了。

老贺一脱内衣，洪潮就紧张，抟挲着两只手一时不知道该干什么是好了。正怔愣着呢，就听见老贺在旁边"嗯?"了一声。洪潮知道这是问她为什么还不脱衣服，就有些慌，就开始一颗一颗地解衣服扣子。

老贺已经钻进被窝了，洪潮的扣子还没解完。到老贺"嗯?"第二声的时候，洪潮才赶紧加快速度，三把两把地把衣服脱掉了。

　　老贺身上有股味，挺冲的，说不清是什么味。洪潮原来闻不惯这股味，一进被窝就闭着嘴巴不敢喘气。现在习惯了，习惯了就觉得这股味没那么冲鼻子了。有时洪潮还有意闻一闻，想辨认这股味与什么相似。但在洪潮的味觉记忆里根本就没有类似的味道。这味道太特殊了，肯定是很多味道混合在一起的，但都是哪些味道就辨别不清了。

　　刚进被窝，老贺就把洪潮一把搂了过去。老贺的胡子很硬，大概又有几天没刮了，胡茬子在洪潮的皮肤上移动时就像锉子锉过的一样。洪潮闭着眼睛，全部注意力都集中到了锉子上，随着锉子的移动，紧张地感受着锉子的硬，感受着被锉着的地方火辣辣的疼。

　　老贺突然翻到洪潮身上。老贺的块头很大，整个把洪潮覆盖在下面，压得洪潮一时喘不过气来。洪潮费了好大劲儿才把脑袋伸出来，赶紧张大嘴巴喘了几口气，把自己弄妥帖了。

　　每到这时候，洪潮反倒会放松，不再注意老贺都在干什么了。而注意力一旦离开老贺，洪潮立刻就会陷入自己的冥想之中——

　　洪潮看到了蓝天、白云，看到在蓝天白云之下有一棵大树倾倒下来了。那是一棵树冠很大的树，洪潮躲来躲去也没能躲开，大树最终还是砸到了她身上。她整个身体都被压在了树身下面。洪潮拼命地扭动着想挣脱出来，但那树干太粗、太重，怎么也撼不动。很多的树枝、树叶陆续覆盖在她的脸上、身上，凉飕飕的，竟有一种很舒服的感觉。她不想动了，想就这样睡去……

　　但突然，一股力量强行进入了她的身体，疼痛使她的全身立刻绷紧了。大树在振动，在摇撼着她，挤压着她。她并没有出声，却惊奇地听到从自己的嘴里有节奏地发出了"啊、啊、啊"的声音。振动突然停下了，洪潮听到老贺"嗯"了一声，声调里带有明显的质问意思。洪潮立刻拼命控制，想让自己不再发出声音来。但是不行，只要老贺一动，声音自己就出来了。那声音是气体被强行从胸腔里挤压冲过喉管时自行发出的，洪潮控制不了。洪潮只好咬住嘴唇，拼命憋住气不让声音出来。

洪潮觉得自己快要憋死了，所有的气息都集中在喉咙处，里面往外顶，外面往里压。喉咙在这两面的对抗中突然变得无比巨大，巨大得超过了整个身体。但很快，洪潮就顶不住了。洪潮听到自己的喉骨发出了咯吱咯吱的响声，她觉得喉咙马上就要胀裂开，马上就要破碎了……就在这时，一切却突然静止下来。

太静了。

洪潮浑身瘫软地闭上眼睛。

老贺在身边摸索着，洪潮知道他是馋烟了，每次事后他都馋烟。她听到老贺摸着黑点着了一支烟，听到老贺迫不及待地连续吸了几大口，又听到老贺慢慢地向外吐着烟，惬意地发出长长的吁声。

洪潮悄悄地把头扭向一边，让泪水顺着面颊汩汩地流淌下来，悄无声息地渗进身下的土炕……

四

老贺走后，前方的战事就越来越紧了。虽然没有确切的消息，但从不断撤下的伤员情况，洪潮就能猜出老贺他们一定打得十分艰苦。

果然，主任找到洪潮神情严肃地对她说："前线现在挺吃紧。据说被围困在里面的这股敌人极其顽固，部队伤亡很大呀。"主任思虑着说："洪潮哇，现在到时候了，是该用得着咱们手里的这些宝贝，发挥她们战斗力的时候了。我呢，给这些国民党小老婆讲一讲前线的形势。你呢，就负责动员她们给自己的男人写信，劝她们的男人放下武器，主动投降。然后由敌工部门把这些信送过去。洪潮哇，这样的信可是重磅炮弹，能在敌人的中心开花呢！所以，你要耐心做她们的工作，尽量多收上来几封。"

　　洪潮没想到工作进展得这么顺利。主任在上面讲，小老婆们就在下面唏嘘，主任还没等讲完呢，小老婆们就哭成一片了。所以，当洪潮提出让她们给自己男人写信劝他们投降时，她们大多数立刻就写了。

　　与俘虏相处这么多天了，洪潮已经对她们有了很多的了解。说实在的，洪潮从心里瞧不起这些人。在洪潮看来，她们是一群没有理想没有追求的腐朽女人。她们身上散发出来的腐朽气息几乎无处不在。比如徐太太，都到了什么时候了，生活上还一点儿都不肯简化，整日里把个佟秋呼来唤去的，动不动就发脾气、要性子；比如那个云端，举手投足总是一副无所用心的慵懒架势，似乎世上的一切事情只与她个人的心情有关……

　　但无法否认的是，这些人身上还有另外一些东西，一些使洪潮感到舒服的东西。比如说话的语气声调，比如走路的神情姿态，比如讲究的衣着和洁净的生活习惯，等等。洪潮清楚地知道，这些统统都属于资产阶级的旧习气，是应该被她所唾弃的。但没办法，这些东西总能与洪潮内心深处的某些感受相呼应。其实，洪潮这几年已经习惯了粗糙的生活，习惯了穿粗布的"二尺半"军装，习惯了像男人一样甩着臂膀走路、大着嗓门说话。洪潮以为自己早已从心里摈弃了那些东西，早已从心里厌恶了这类做派。但当这些东西出现在面前时，她才发现自己在内心深处还是呼应、欣赏，甚至倾慕这些东西的。

这个发现令洪潮大大地吃了一惊。她没想到自己竟然这么不争气，没想到自己直到现在还没有彻底改造好。她不免暗暗地有些担心，担心这些国民党小老婆会把自己给腐蚀掉了，担心自己好不容易克服下去的那些毛病又生长出来，更担心自己内心深处的呼应会被自己的同志看出来。

所以洪潮的心里就格外紧张。所以每当看到俘虏们有诸如此类的表现时，洪潮的反应就格外激烈。洪潮会无来由地突然情绪冲动起来，毫无道理地训斥她们。连自己的同志都觉得洪潮的性情有点反常，与平素那个温和的洪潮简直判若两人。洪潮清楚地知道别人对她的看法，也知道自己这样不好。但洪潮没办法，她控制不了自己也不想控制自己。她需要这样做，需要用极端的方式迫使她们少在自己面前展现那些令她又爱又恨的举止、情调，需要用极端的方式来惩戒自己、坚守自己、证实自己。

收俘虏们的信时，洪潮发现那个云端只写了一句：

子卿：我好好待你，是为了让你记住我的好，让你为了我的好，好好爱惜自己，好好给我回来！

洪潮心里的那种感觉立刻又出来了，冷冷地问："怎么就写了一句？"

"一句就足够了。"她垂着眼回答，显然沉浸在自己的心情里，根本没注意到洪潮的情绪。

洪潮的心开始往上翻个儿，但她忍住了。毕竟，她还是写了，大体意思也对，洪潮想，这个时候没必要刺激她们。

但洪潮刚把信收走，她却又要了回去。洪潮见她重新展开信纸，以为她是意识到了自己对她的不满，准备再多写点弥补一下。却不料，她认真地铺平信纸后，竟悄悄地背过身去，用涂满唇膏的嘴在子卿的名字上按了个鲜红的唇印。

洪潮万万没想到她会当众做出这种令人尴尬的举动，脸忽地一下羞得通红，心也慌乱得嘣嘣直跳。

她倒坦然，旁若无人地凝视着那个叠印在一起的名字和唇印。

洪潮一时有些手足无措，呆呆地看着那个鲜红的唇印。那唇印很刺眼，血一样红艳，花一般张狂，一看就钉进了洪潮的眼睛里，刺得她心神不定。洪潮只觉得浑身的血一股一股地往上涌，涌到脸上火一样地燃烧起来，烧得洪潮无比羞愧。洪潮此刻的感受就像是自己当众做出了怕羞的事一样，只想立刻掩盖住那个唇印，不再让任何人看到。她不假思索地劈手去夺那封信。

云端一惊，双手下意识地护住了信。

"给我！"洪潮的声音很严厉。

她犹豫着，显然不想立刻把信交给她。

"给我！"洪潮突然大声喝道。

她被洪潮的气势震住了，手慢慢地从信纸上移开。

还不待她的手移开，洪潮就抢上去夺了起来。

没想到的是，在最后的一刻她突然又按住信纸不肯放手了。结果就在这一抢一按之间，信纸"哗啦"一声撕成了两半。

她们同时住手，各自看着手中的半张信纸——唇印刚好从中间被撕开了。

洪潮心里多少感到有些不安，毕竟她不是有意要这样做的。但不管怎样，那个破裂的红唇还是使洪潮的心里生出了些许快感，使她的情绪缓和了许多。她没再说什么，只拿了纸笔叫云端重新写一封。

云端却不接，失神但却固执地瞟着洪潮手里的那半张信纸。

两人就这样僵在了那里。

洪潮很恼火，她没想到这个云端会这么不要脸，她还真没见过如此不知羞耻的女人。洪潮清楚地知道，此刻，周围的人都在紧张地注视着她，都在看她到底怎么办。洪潮当然希望云端能主动退缩，能老老实实地接过纸笔重新写信。但云端虽失魂落魄却毫无退缩之意，那神情仿佛握在洪潮手里的不是半张信纸而是她的半条命，那架势仿佛她必须要回那半条命，否则就不能活了似的。

洪潮心里十分焦灼。她不能把那半张信纸还给云端，绝对不能。因为这不是半张信纸的问题，这是尊严，是她身为"女长官"的尊严。比尊严更重要的还有态度，就是洪潮对她这种无耻行为应该表达出的轻蔑态度。如果把信还给她，洪潮不仅失去了尊严，还等于认可了她的这种无耻行为，落得与她一样无耻了。

洪潮真想把手里这半张信纸撕毁，让云端死了这份心，老老实实地重新写信。但洪潮觉得这样做多少有些过分。好像是自己蓄意找她的碴，先抢了她的信又撕毁她的信似的。

就在洪潮拿不定主意的时候，云端出人意料地做出了一个动作，为洪潮制造了一个动手的绝好机会——云端恍惚间似乎忘了自己的身份处境，竟冒冒失失地把手伸向洪潮，想抢回自己的那半张信纸。

这个动作刺激了洪潮。如果在这之前洪潮还不好下决心采用激烈方式的话，这一下洪潮可是怒从心起、毫无顾忌了。只见洪潮身子一闪，躲过云端伸到面前的手，随后，当机立断三把两把就把手中的信撕了个粉碎。

云端愣了，不知所措地看着那些飘落的碎纸片，突然跪倒在地上失声痛哭起来。

云端几乎哭了一整天。所有人都以为云端是在哭那封信，是因为女长官撕毁了她的信而伤心哭泣。只有云端自己心里明白，她哭的不是信，是人。

被俘这么多天了，一直没有前线的消息，今天才知道子卿他们已经被围困很久了，而且基本没有突围出来的可能。听到这个消息后，云端立刻就想起了几天前的那个梦，想起了子卿满面鲜血地站在她面前的样子。她毫不犹豫地立刻就答应写这封劝降信了。

云端很怕那个梦会成为现实，她真的希望子卿能活着回来，希望子卿能因为她而活下来。云端只要子卿活着，她根本不在乎什么投降不投降的。她从来都不在乎子卿怎么做，只在乎他是不是能活着，是不是能活着回到她的身边。

本来云端以为自己有许多话要对子卿说，待到拿起了笔才发现，只有那一句话最能表达她的心情。她就动用了自己的全部感情，一字一句地写下了那句话。云端写得很慢，每一个字都很仔细。当她慢慢地把一个个笔画组合成字，再慢慢地把一个个字排列成句子之后，就看到那些字与字之间有了联系，有了心情，有了温度，有了只有她和子卿两人才能感同身受的丰厚内容……

云端想，只有这句话是最能入子卿的心，最能打动子卿的了。

但当女长官来收信的时候，云端却突然心慌起来。她隐隐约约地感到信上好像还缺点什么，一时又想不起到底缺什么了。结果刚把信交出去，她就想起来了：是吻！她忘记吻子卿了！

她把信要回来，轻轻抚平，深深地给了子卿一个吻。

很好，唇印很红润，很丰满。有了唇印，这封信就完整了，就有了触觉，有了呼吸，有了生命，有了肌肤相亲的感觉。这种感觉很重要，云端要的就是这种感觉，云端要的就是把这种带有气息的感觉真实地传递给子卿。

云端专心地做着这一切的时候，丝毫没注意到女长官的情绪。她一直沉浸在自己的感受里。直到女长官劈手来夺她的信，她才回过神儿来。

云端不是不想把信交出去，只是女长官夺信时的样子太凶，使她感到不安，怕信会受到损坏。所以她才犹豫着护住信，才在最后一刻想再把信夺回来。结果信反而被撕坏了。

信撕开的那一刻，云端眼睁睁地看到子卿这两个字和自己的唇印裂开了，分成了两半，心里突然涌出了一种不祥的预感。她一时什么都忘了，只想把那一半信拿回来。似乎只要把信拿回来，把分成两半的名字和唇印合起来，那种不祥的预感就会消失，她和子卿就不会有事了。

但那个女长官却把信撕了个粉碎，把她的希望撕了个粉碎。

看到信被撕成了碎片，云端顿觉天旋地转。仿佛心脏被撕裂了一般，她只觉得心在一阵阵地抽搐，随着抽搐一种撕心裂肺的剧痛迅速地传遍了全身。云端双腿一软，无力地跪倒在地上，任鲜血从心中的伤口流出，与泪水混合在一起，不停地流淌着……

云端就是从这一刻起开始恨那个女长官的。

五

只有洪潮感到了云端的变化。

每天早上，洪潮都会早早地来到俘虏们的住处。洪潮过来的时候，俘虏们一般都是刚刚起床。最早起的自然是佟秋，最晚起的总是云端。云端习惯懒床，总要懒一会儿再起来，好几次都被洪潮堵在了被窝里。但现在，洪潮每次来的时候她不仅已经起来了，而且常常是梳洗完了的。

今天洪潮来得早了点，云端正在对着镜子梳妆呢。洪潮进来的时候，她只抬头看了洪潮一眼。挺正常的，但不知为什么，洪潮就是有一种异样的感觉，总觉得她有什么变化。几天来，这种异样感一直若隐若现地搅扰着洪潮。起初洪潮并没在意，以为是自己的问题，以为是那场冲突使自己在面对她的时候有些感觉不同。但洪潮很快就发现并非如此，她的确是有变化。只是洪潮一时还说不清她到底有了什么变化，到底变在哪里。

平日里洪潮是不看俘虏们梳妆的。从表面上看，是因为她对她们这套做派不屑。但只有她自己内心里知道，真实原因是她太喜欢那些东西了。她喜欢胭脂，喜欢香粉，喜欢所有的化妆用品，更喜欢坐在镜子前化妆的那种感觉。每当看到两片嘴唇夹着红纸轻轻抿动，每当看到嘴唇轻启顷刻间变得如花般红艳，她就会兴奋，就会心里发痒，就会情不自禁地想伸手试试。所以她得克制，因为喜欢就更得克制。但今天，洪潮却被那种异样的感觉弄得有点心不在焉了，竟忘了克制自己，呆呆地站在那看云端化妆了。

云端在用一根细细的碳棒描眉，一根一根描得十分的仔细。原本平淡的眉毛就在她的描画中变了形，变了色，逐渐地生动起来了。洪潮不觉看入了神，直到云端回头看了她一眼，她才回过神儿来。

就是这一眼，如醍醐般点醒了洪潮，使洪潮心中若有所悟，突然明白自己为什么会有那种异样的感觉了。

是目光，云端的目光变了。

从前，云端的目光一直是涣散的、游移的，但现在却集中了、固定了。从前，云端看自己的时候目光总是如视无物般地空洞，但现在她的目光里却出现了一种从未有过的专注。这种专注令洪潮感到不舒服。里面好像有一种东西，总能直接抵在你的胸口处，让你莫名其妙地发堵。

洪潮已经很长时间没有这种感觉了。看管俘虏的这段日子，洪潮已经变得十分自信。过去，洪潮是个害怕别人发威自己也不会发威的人。刚开始时，她对俘虏们发威还常常是无奈，还有点胆怯。但很快她就发现，发威真是太能给人提气，太能使人长精神了。每次发威，洪潮都能从俘虏们的畏惧中看到自己的力量，确认自己的能力。这使洪潮很振奋，也促使她越来越多地发威，越来越自觉地发威，越来越理直气壮地发威。果然，这以后俘虏们就对她越来越畏惧，越来越服帖了。这就对了，洪潮要的就是这种结果，要的就是自己在俘虏面前的威严和对俘虏的控制力。现在，俘虏们远远地看见洪潮立刻就会绕着走开，实在躲不过了也会赶紧站到一边低头退让。连最抵触、最张狂的徐太太在洪潮面前都变得低眉垂目，委顿得没了人形，别人就更不用提了。

洪潮忽然明白了，正是因为见惯了俘虏们的慌张和躲闪，云端那毫不躲闪的专注目光才格外地令她感到不舒服。她知道是什么东西顶在自己的胸口了，是抵触，是隐在专注目光后面的抵触！

洪潮心头一沉，立刻寻着云端的目光去确认自己的判断。

但云端却收回了目光，重又转向了镜子。

两人的目光就在镜子里相遇了。

透过镜子看人的时候总会有一种隔着点什么的感觉，这种感觉很容易使人产生错觉，使你以为自己并非与对方直接面对，使你心里无端地放松下来，以为自己可以大胆地观察对方而不被发觉。她俩就在这样的错觉中，隔着镜子互相观察着。

镜子里的两张脸有些相似，都是杏眼、翘鼻、薄唇，脸型也是同样的尖俏。只是一个细白点，一个黝黑些；一个敷着淡妆，显出妩媚；一个毫无矫饰，透着素净。

洪潮立刻就在那张细白的脸上捕捉到了一丝得意之情，心中不免暗自后悔，后悔自己刚才一不留神把心中的好奇和羡慕流露了出来，给了她在自己面前显摆的机会，给了她在自己面前得意的理由。

云端感到了来自对方眼中的审视，很锐，也很冷，与刚才看她化妆时的眼神儿绝对不同。刚才女长官的眼里满是欣赏，正是那欣赏的目光使她信心徒增，突然发觉自己也有能让女长官羡慕的地方，也有能压住女长官一头的地方！这种感觉令云端十分享受，所以她才放慢速度，格外仔细地画着、享受着。但女长官却不知为什么突然变脸了。搁在从前，云端很可能会立刻回避躲进自己的心思里。但今天，云端不想躲避了。她稳住自己，尽可能不动声色地用力回视着对方。

洪潮立刻觉出了云端目光中的抵触。洪潮心里明白她是为了那封信，是因为自己撕毁了她的信心存怨恨。这件事洪潮自己也觉得做得有点过了，她也不知道自己当时哪来的那股子邪火。事后主任严厉地批评了她，说她太冲动太不讲工作方法了。主任说洪潮你难道不知道曾子卿有多重要？这封信有多重要吗？主任说洪潮你有什么权力把到手的信撕掉，凭这一条就够给你个处分记你个大过！当时洪潮真是惭愧极了也懊悔极了。想到这一层，洪潮不由得犹豫了一下，想转身走掉。

云端看出了女长官的犹豫，也看出了她有躲避自己的意思。云端有些意外，她原以为女长官会被自己激怒，会对自己发威。其实她心里很害怕，正拿不准自己能不能撑得住呢。没想到对方竟如此不堪一击，自己刚有所表示，对方就准备退却了。云端不免有些兴奋，底气一足，目光自然就硬了起来。

本来洪潮已经要走了，但在准备转身的一刹那，洪潮看见了云端眼里的变化。那变化像利剑一样猛然刺向洪潮，洪潮心中一惊，突然停住了。她不能走，不能就这样走开。如果自己这样转身走掉的话，对方就会因此而得意，认为自己在撕信的那件事上理亏了。其实，就对待那种无耻行为来讲，自己没什么可理亏的。自己理亏只在于没能拿到那封信，没能完成领导交给自己的任务，是在自己人面前理亏。洪潮当然不能容忍一个俘虏这样明目张胆地抵触自己，当然不能任由一个俘虏在自己面前这样放肆！洪潮打定主意站住脚，目光冷冷地投向云端。

女长官目光中袭来的寒气使云端不由自主地打了个冷战。她吃了一惊,她没想到女长官不仅没退却反倒逼到近前来了。云端顿时开始发慌,紧张得心怦怦乱跳。她下意识地咬住嘴唇,勉强坚持着。

云端的坚持令洪潮感到有点不可思议。一般情况下,俘虏们即便心存怨恨也不会公然表露出来,没想到这个女人竟不肯把怨恨放在心里,偏要明睁眼露地摆给她看。洪潮觉得她这样做真是可笑得很,她不应该忘记了自己的身份,不应该忘记了自己眼下的处境!

云端看出了女长官眼中的轻蔑,那轻蔑一下就捅到了云端的伤心处。想到目前的处境,云端不由得满腹辛酸:自己身陷囹圄,子卿生死未卜,两人不知此生是否还能相见,连写封信都……本来云端已经快要挺不住了,但一想到这里不禁恨从心起,心一横反倒什么也不在乎了。云端把目光看定女长官,心中悻悻地想,我就是要让你知道我对你不满,我就是要让你看清楚我心里有恨!

洪潮有些警觉了。开始她以为云端只是忍不住流露出内心的情绪,只要给个脸子自己就会识趣地收回去。但她发现云端不仅没有收回,反而愈发强硬起来。这就不能不引起洪潮的重视了。洪潮虽然还不知道云端到底想要干什么,但她却清楚地知道自己必须尽快把云端的气焰压下去。想到这,洪潮的目光就愈发凌厉起来。

两人的目光就这样硬碰硬地顶在了一起。

云端是豁出去了。反正子卿也被围困了,反正自己也这样了,自己还有什么可在乎还有什么可害怕的呢?她把全部心力都集中在目光里,死死地抵住对方。心想,我知道我不能把你怎样，但我不想示弱。我即使做不了刀枪也能做根毛刺吧，哪怕伤不到要害也能刺疼皮肉解一时之恨呢！

洪潮迎住云端的目光，用力向后推，但没推动。她赶紧在目光中加了把劲儿，想一下子把对方压下去。但对方显然也使了力，就那么一动不动地死扛着，仍旧推不动。洪潮此刻才发现自己真是把这个云端看错了。平日里，她一副魂不附体心不在焉的模样，怎么看怎么都是这些俘虏中最无事的一个，没想到竟如此不好对付。如果是个素来强硬的人倒也罢了，关键是她一贯都给人一种软软塌塌的印象，这就让洪潮心里格外地难以忍受。她还以为自己面对的是根软刺呢，还以为自己一出手就能轻而易举地把它掰掉呢，却不料不仅没掰掉，反倒被它刺中了。这种挫败感往往比面对强手要来得强烈得多。就像凭空被蜘蛛网绊了个跟头一样，令人无地自容，使人恼羞成怒。洪潮觉得胸口处仿佛被重重地撞击了一下，立刻就有什么东西被疼痛激发出来了。是欲望，是因受挫而更加渴望压倒对方的制胜欲望，是因受刺激而骤然膨胀的暴虐欲望！它们在洪潮的身体里四处冲撞着，使她产生出一种莫名的兴奋。她倏地面色潮红，目光如炬，整个身体都禁不住地微微颤抖起来。

云端立刻就被击中了。她看到女长官眼中瞬间放出了无数的刀剑，那些刀剑飞舞着在她的脸上、身上划出道道伤痕。她看见自己的面孔顷刻间就变得伤痕累累、面目全非了。有鲜血从脸上流淌下来，蜿蜒着冲毁了晨妆，模糊了面容……

洪潮刚觉出云端的目光有些松动，就看到云端的脸痛苦地痉挛了一下，突然用双手捂住了脸。待她再松开手的时候，镜面仿佛花了，里面的那张脸模糊得一塌糊涂，辨不出颜色，分不清眉眼。更不可思议的是，在那张模模糊糊的脸上竟莫名其妙地浮现出一丝怪异的微笑。还不待洪潮仔细看清楚，就见云端一把一把地抹去了残妆，颤抖着手抓起笔在脸上重新涂抹起来。

洪潮吃惊地看见她把眼睛涂成了黑圈，眉毛描成了弯弓，嘴唇血红地向外翻出来……直到她往鼻梁上拍白粉的时候，洪潮才反应过来她是在画丑妆！她竟然把自己画成了一个小丑！洪潮只觉得全身的血忽地一下涌到了头上，厉声道："你干什么?!"

云端突然笑了，鬼一样怪异地笑了。

"你笑什么?!"洪潮喝道。

云端却笑得更厉害了，红白黑的色块抽动着挤在一起，挤得洪潮心里直发毛。

"你?!"洪潮气急败坏地断喝道，"不许笑!"

云端愣了一下，但只停顿了一下就又笑了，很神经质很失控地笑着。边笑边有黑色的泪水从涂黑的眼窝中汨汨涌出，浓浓淡淡地冲过红白相间的笑靥，冲出一张哭笑难辨、丑陋不堪的花脸。

洪潮终于忍无可忍了。她一把把桌上的化妆品全部掀到地上，转身就去夺云端手里的粉盒。两个人立刻撕扭在一起，拼命地抢夺起来。正撕扯间，那粉盒突然从云端手中脱出，如飞雪般扬了出来，猝不及防地落了两人满头满脸……

一阵剧烈的呛咳之后，两人都停下了，一声不响地对视着。

此时的两张脸已经没有了任何区别，一样的模糊不清，一样的丑陋怪异，一样的狼狈不堪。

洪潮忽然觉得自己很累很累，身体仿佛被掏空了一般，浑身上下一点力气也没有了。她突然很想哭，很想尽快离开这里，但却发现腿脚格外地绵软。

洪潮强撑着自己，脚步飘忽地向门外走去。走到门口的时候，她下意识地回头看了一眼，恰巧看见云端正虚脱般摇摇晃晃地瘫软下去。几乎同时，她双腿一软也瘫倒在地上了。

从这天起，洪潮就陷入一种无法摆脱的压抑之中了。处处都能感受到云端释放出的那种带有敌意的气息，空气都因为渗进了太多的敌意而变得黏稠滞重了。在这样一种氛围中，洪潮无法畅快地呼吸，更无法自由地行走。她常有一种置身于砂浆中的感觉，身前身后都是泥泞的砂浆，自己身陷其中，胸口憋闷，步履艰难，无奈地被砂浆挤对着，推搡着……关键是洪潮没有办法摆脱这种处境。她虽然能感受到周围的敌意，却摸不见抓不着。因为这敌意没有形式，只是一种感觉，它弥漫在洪潮的身体周围，虽无处不在但却无影无形。你看不见它，也就无从抓住它。你抓不住它，也就无法回击它。你不能回击它，也就无法摆脱它了。

洪潮的心里越来越恐惧，她知道这样下去自己早晚会崩溃的。她觉得自己已经到了极限，已经快挺不住了。而偏偏就在这个时候，主任给洪潮下达了一个任务：命令洪潮把曾子卿的太太从俘虏们的住处搬出来，单独跟她住到一起。主任特别嘱咐洪潮要好好照顾曾太太的身体，要让曾子卿看到我们的诚意，要通过我们对曾太太的关照来感化曾子卿，争取曾子卿。

洪潮愣在那里半天也没说出一句话。

尽管心里百般地不情愿，但洪潮却不能不服从命令。更何况，主任做出这个决定的理由还是她给提供的——曾太太怀孕了。

六

云端也不知道自己这次怎么就怀孕了。

清晨起来，云端突然呕吐起来。呕吐来得很突兀，当时云端正准备刷牙，刚把牙刷伸进嘴里，就感到一阵恶心。还没来得及把牙刷拿出来呢，她就吐起来了，吐了个一塌糊涂，把整个胃肠都翻了个个儿。

　　吃早饭的时候云端又吐了。徐太太的眉头立刻皱成了干姜，脸一下别到了一边去。佟秋过来边帮她收拾边悄悄问了一句："曾太太，你身体不舒服？"

　　"不知道怎么搞的，就觉得心口这里堵得慌，恶心。"她捂着胸口说。

　　佟秋愣愣地看了她一会儿，突然问道："曾太太，你不会是有喜了吧？"

　　她一听也愣了："不会吧？"疑疑惑惑地嘟囔着说："怎么会呢？"

　　"那你身上多长时间没来了？"佟秋又问。

　　真是的，她忽然记起自己身上真是好长时间没来了。也许是过了一个月，也许是过了一个半月，总之这段日子出现的事太多，她把这事忽略了。

　　但怎么可能呢？她想，自己跟了子卿这么多年，一直盼着有个孩子，可是一直都没能怀上。她和子卿都是早就死了这份心的。子卿一看她为这事难过就会说：没有就没有吧，权当你是我的孩子了。她听了就会破涕为笑，就会撒着娇说，那你也得当我的孩子，要不你有孩子了我还没有孩子呢。每到这时，两人就会情不自禁地搂抱在一起，互相抚摸着，抚慰着，亲热着。

　　怎么突然就会怀上了呢？她有些不相信。

　　见她一动不动地站在那发呆，佟秋不由得笑了，说："曾太太好福气，看来你真是有喜了呢。"

接下来，云端一连几天都没吃好饭，吃一口吐两口，后来干脆一点东西都不敢吃了。就这也止不住吐，看别人吃东西她要吐，不看别人吃东西闻见味儿她也要吐，后来连晚上睡觉同屋的人翻个身或者咳嗽一声都会引得她呕吐起来。

女长官把医生领来给云端瞧病。医生是个男的，看过后肯定地对女长官说："没问题，她是怀孕了，妊娠反应。"

云端看到女长官的脸忽地一下羞得通红。

当天晚上，女长官就沉着脸把云端搬到了西屋，让她和女长官住在一起了。

一看这架势，云端就知道完了，自己这下算是彻底落到女长官手里了。云端认定这是女长官的阴谋。自从那天跟女长官对峙，扬了人家一头一脸的香粉之后，云端就料到女长官不会轻易放过她的，一定会想办法找机会整治她。但没想到女长官竟会想出这么绝的一招，把她单独弄到身边看管起来。这样一来自己可就一天二十四小时都被女长官攥在手心里了！这样一来女长官就可以随时随地随心所欲地整治她了！想到这一层，云端的心就缩成了一团，禁不住手脚冰凉，浑身发抖。

虽然原来也是在女长官的监视之下，但不住在一起总还有脱离视线的时候。尤其她每天晚上睡觉前的那段时间，那是她们几个女俘房一天中最自由的时刻。她们常在这个时候躺在被窝里说些白天不敢说的话：念叨念叨自己的丈夫哇，埋怨埋怨伙食呀。反正就是宣泄，怎么能宣泄就怎么说，什么能宣泄就说什么，好让自己心里的压力减轻一点，让夜晚变得短一点，让入睡变得容易一点。议论女长官也是她们这个时间的重要话题。她们喜欢随着自己的心情评价女长官。心情好的时候她们能看出女长官的很多优点，比如眼睛有神了，比如身板直了，比如嘴巴轮廓好了，等等。而心情不好的时候，这些优点立刻就统统都变成了缺点。眼睛成了"大眼珠子到处骨碌，没有她看不到的地方"；身板成了"哪个女人像她那样走路，板着个身子挺尸一样"；嘴巴就成了"嘴巴抿得那个紧，一看就不是个好惹的主"。她们议论中分歧最大的就是女长官是姑娘还是媳妇这件事。徐太太和佟秋她们坚持认为女长官是媳妇。云端认为她是姑娘，但云端说不出理由，只是一种感觉。云端始终觉得这个女长官有点奇怪，看起来挺成熟老练的样子，但时不时还会脸红。她注意到她脸红的一刹那常会现出不经事的小姑娘相。现在可倒好，再也不用争了。现在云端一天二十四小时都在女长官的监视之下了，别说没机会和大家一起说话争论，就连晚上讲梦话都得多加小心了呢。

躺在那个空荡荡的炕上，云端觉得自己就像摆在砧板上的一块肉一样，束手无策地随时等待着被宰割。云端就等待着，闭着眼睛，一动不动地等待着。虽然是闭着眼睛，虽然是一动不动，但云端的神经却始终都绷得紧紧的，所有的感官都是打开着的，就如同一个落入网中的猎物，虽不再挣扎但却紧张地捕捉着周围的每一点动静。

远远地，就听到了女长官腾腾作响的脚步声。云端心里一紧，全身的汗毛立刻如麦刺般唰唰唰地直立起来，毛孔全部张开，冷汗立刻就冒了出来。云端提心吊胆地听着女长官那越来越近的脚步声，听着女长官走进了屋子，听着女长官在炕边停下了脚步，听着女长官在自己的身边站下了……

云端的心一下子提到了嗓子眼儿，紧张地等着女长官开口，等着女长官发出严厉的声音。但过了许久，她却只听见女长官低低地说了一句："起来吃饭吧。"

云端蓦地睁开眼睛，看见女长官手里端着一份热腾腾的饭菜，正面无表情地看着她。

云端一时有点发蒙，有点反应不过来。她想不通女长官怎么会亲自给她端菜送饭。她仔细地看了一眼女长官手中的饭菜，发现这顿饭的内容比平时要好得多。云端心里忽然有些明白了，这不是一般的饭。是啊，即便是收拾畜生也得先给顿好吃好喝的呢。云端悲哀地想，不由得心头一颤，紧紧地闭上了眼睛。

晚饭云端没吃。女长官也没劝。

睡觉前，女长官把炕桌立在了两人之间，沉着脸告诫云端说："这是警戒线，有事可以叫我，但不许过这个线。"随后犀利地盯了云端一眼，补充道："外面有卫兵，有情况他们随时都会冲进来。"

云端什么话也没说。都到了这个份儿上了，还有什么可说的呢。云端又想到了砧板和肉，想到了落进网里的猎物，心里不由得一阵酸楚。

这一夜，云端几乎没合过眼。她发现女长官好像也没睡着觉，一直把脸冲着她这面躺着，手始终插在枕下按着枪把，整夜里似乎连身都没翻过一次。直到凌晨，云端才迷迷糊糊地睡过去了。

刚睡了一会儿，就听见有人叫她。她睁开眼睛，看见天已经亮了，女长官正站在她的面前，手里端着早饭。早饭也比往常好，竟然有一个鸡蛋。云端的眼睛亮了一下，她记起自己好像很久没吃过鸡蛋了。但她仍旧不想吃，没胃口，也没心情。昨晚她已经想好了，既然自己已经万念俱灰，就没有必要再为自己的身体做任何事情了，索性不吃不喝任身体随着灵魂飘走算了。她翻过身去，想背对着那些早饭躺着，却不料一挪动，胃里就反上来一阵恶心。已经来不及下地了，她刚趴在炕沿边上，就一声接一声地呕吐起来。

呕吐提醒了云端，使她想起了腹中的孩子，想起现在自己的身体已经不是一个人了。她现在是两个人，一个是她自己，一个是她和子卿的孩子。对自己她可以说了算，可以任自己的身体随着灵魂飘走。但那个孩子呢？她有权利带走她和子卿共同的孩子吗？想到这，子卿的声音立刻在她耳边响起：我好好待你是为了让你记住我的好，让你为了我的好，好好等我回来……

云端怔愣了一会儿，猛地翻身坐起，一把抓起鸡蛋，迫不及待地塞进嘴里，大口大口地吃了起来。

云端很快就发现，情形并没有她想象的那么糟。尽管女长官的脸色一直不好看，但却一直没有整治她的迹象，反而还打水端饭地照顾她。饭菜显然是单独为她做的，虽然还是那些粗茶淡饭，但能看出是下了功夫的，而且总是尽可能地随着她的胃口变换花样。

云端也想开了，不再把神经绷得紧紧的去费心猜度女长官如何整治自己了。得过且过吧，云端想，过一天算一天。所以云端不再拒绝吃饭，虽然还是吃得少吐得多，但总还是吃了。

开始，每次当着女长官面呕吐时云端还有些害怕，怕吐得到处都是，惹女长官生气。在那边住的时候，每次她呕吐徐太太都会恼，把脸弄成个苦瓜，不是埋怨自己命苦，就是朝佟秋发脾气。常常是佟秋帮云端收拾。收拾的时候徐太太就骂佟秋笨手笨脚半天弄不完恶心死人了，等收拾利索了徐太太又骂佟秋发洋贱天生伺候人的贱命。云端心里明明知道徐太太是冲自己来的，但也懒得挑明。徐太太就是那种人，自私得很，何况换上自己看着别人在身边呕吐也会受不了的。所以搬到这边后，一想到要当着女长官的面呕吐，云端的心里就紧张。

没想到第一天早上当女长官的面吐过之后，云端挣扎着刚想爬起来去收拾，却见女长官不声不响地替她收拾干净了。当时云端吃惊得怔愣了好一会儿，脑子怎么也转不过劲儿来。原来佟秋为她收拾这些东西的时候，她虽也感激但还是挺心安理得的。在她的眼里，佟秋终归是个下人，虽做了二太太，也脱不掉下人相，干也就干了。何况佟秋替她收拾主要还是为了徐太太，怕摆在那里让徐太太看着恶心。但女长官不同，女长官替她收拾，她的心里就有些惶惶不安了。云端看出女长官是个洁净人，洁净人做这种事真是很难为人的。但转念一想，云端又觉得这是女长官自找的，谁让她把我弄到这来的？既然把我弄来了，她就得受着，受得了受不了都得受着。这样一想，云端不仅心里放松下来，而且受到这个思路的启发还忽然想到了一个主意：自己何不干脆放开了吐，故意恶心女长官，折腾女长官，折腾得女长官实在受不了不就把我赶回去了吗？这个想法让云端一下就兴奋起来了。

云端开始折腾了。她故意在女长官面前响亮地呕，大口地吐。不仅毫无节制，而且毫不讲究，简直是逮哪吐哪，怎么恶心怎么弄。开始时，每当看到女长官替她收拾那些肮脏的呕吐物，她的心里还常常会感到不安。但她努力克制着那些不断往外冒的自责心理，坚持做下去。云端不想半途而废。她得让女长官烦她、怨她、恨她。她得让女长官忍无可忍、气急败坏地把她赶回去！

但奇怪的是，无论她怎么做，女长官都没脾气。不仅什么也不说，还总是替她收拾得干干净净的。这真让云端有点看不懂了。这女长官到底是个什么人啊，她凭什么这么伺候自己？凭什么这么受着自己？这真叫人受不了！云端知道再这样继续下去，自己早晚会撑不住闹不动的。云端就有点急，有点被激怒了。云端想，看来不过分点儿，不来点邪的，不给女长官点强刺激是不行了。云端豁上了准备狠狠地恶心女长官一回，看你女长官还能不能吞得下，看你女长官能不能容得了！

晚上，云端故意多吃了几口东西。躺下之后，她就默默地等待那种恶心的感觉。这几天云端吐得死去活来的，真不能想象现在会躺在这里盼恶心的感觉出现。而感觉这个东西也真是奇怪得很，你想逃避它的时候，它无时无刻不跟随着你；到你刻意要它的时候，它却躲你远远的怎么也不肯露面了。云端躺了半天也没躺出感觉，焦躁得直翻身。这一翻身，胃里果真开始翻腾，恶心的感觉终于来了。

云端不急，她先忍着，要吐她就得吐大发点，就得吐出效果来。按说，一般情况下云端是来得及下炕去吐的。即便来不及，炕沿底下也备着盆，伸头吐到盆里就是了。但云端偏不，云端这回就是要吐到炕上，就是要烦死那个女长官，就是要彻底激怒那个女长官。云端耐心地体会着反胃的感觉，感到胃一次比一次反得厉害。终于，她盼望的一次大的冲击到来了——云端觉得内脏突然绞在一起缩成了一个硬团，她还没来得及张开嘴巴，胃里的东西就已经喷射出去了。

云端吐在自己的被褥上了，实实在在地吐了一铺盖。这个结果是云端没想到的。本来云端是想吐到她和女长官之间的炕面上，好看着女长官怎么收拾，看着女长官怎么生气。但没想到自己憋得太厉害了，连头都没来得及转过去就吐了，竟全吐到了自己的被褥上。这一下，云端只好自己起身去收拾了。但她刚一起来，身子就软软地顺着炕沿往下出溜，差点摔倒在地上。

女长官起来了。她什么话也没说，把云端扶回到炕上，安顿她在自己的铺位上躺下。云端开始还不肯，挣扎着不想躺女长官的铺位。但她浑身瘫软一点儿力气也没有了，最终还是听任女长官的摆布躺了下来。躺进女长官的被窝里，云端紧张得浑身一个劲儿地发抖。她直勾勾地盯住女长官，生怕她会对自己做出什么。但女长官不仅什么也没做，反倒轻轻地为她掖好了被角。云端不知所措地望着女长官，却见女长官朝她微微一笑，转身收拾了污物，把她吐脏的被单拿到外面洗去了。

云端从未见过女长官对自己微笑，这是第一次。云端很惊愕，觉得那微笑如月光般绵软而锋利地穿透了自己的身体，把羞愧从内心深处引导出来，蔓延开去，生出阵阵无地自容的痛楚。

半夜里，云端醒来了。她发现女长官忘了把炕桌立在中间了。云端向那边望去，看到女长官竟和衣蜷缩在那里，心里突然很不是滋味。

夜晚的月光很柔，水一样照着女长官的脸，使她的脸看起来很柔美。云端发现女长官的睡相很乖，鼻息轻柔，嘴唇微张，额头也平坦地松弛着没有白天那么紧了。面对这样一张宁静浑合的面孔，你无论如何也想象不出她会对人凶，会撕人信，会搜人的裤裆。

云端其实早就发现女长官并不像她外表表现出来的那么有力量。不知为什么，云端总觉得她不像猛兽而更像鹿。她的眼里常现出鹿一般的温顺、怯懦和惊慌。即便是在发威的时候，也不像猛兽那样狠，反倒像站在悬崖边上的鹿，因为没了退路就只好露出牙齿来吓唬别人，拯救自己。云端发现自己其实并不怎么惧怕这个女长官。无论她怎么凶，云端也无法真正从心里惧怕她。

女长官大概是冷了，睡梦中还在把身子往一起缩，缩得像个母腹中的婴儿。

云端犹豫了一下，拿起自己的衣服过去盖在女长官的身上。

女长官突然惊醒了，下意识地一把抽出手枪，突如其来地顶在云端的脑门儿上说："不许动！"

云端魂都吓丢了，一时说不出话来，瑟瑟发抖地保持着原来的姿势一动也不敢动。

女长官显然也吓得不轻，举着枪的手也在不停地抖动。她惊魂未定地看了看云端盖在自己身上的衣服，似乎明白云端刚才是想干什么了。她慢慢地抽回了手枪，突然气急败坏地朝着云端大声喊道："谁让你过来的？！不是告诉你不许过警戒线吗？！我警告你，再想干什么你最好先叫醒我，不许随便乱动！听见了没有？听见了没有啊你？！"

云端软在那里，一句话也说不出来了。

七

洪潮真是吓坏了。虽然什么事也没发生，只是虚惊了一场，但洪潮却再也没睡着。

自从跟这个云端住到一起后，洪潮就没睡过一个安稳觉。开始是紧张，担心国民党小老婆在夜深人静的时候做出什么意外举动。后来倒是不紧张了，因为她看出云端虚弱得连端碗拿筷子都费劲，即便有举动的心思恐怕也举不动了。但洪潮仍旧睡不安稳，因为云端晚上总折腾，一会儿起来呕，一会儿起来吐，整夜都没个消停的时候。

　　洪潮心里真有说不出的别扭，她没想到自己一下就从一个俘房看管变成孕妇看护了。而孕妇又偏偏是她，是这个与自己心存芥蒂，让自己心里感到压抑的云端。洪潮真挺烦的，自己一个堂堂的中国人民解放军，凭什么伺候国民党小老婆？所以当时主任向她布置任务的时候，她的脸色一直缓不过来。主任显然看出了洪潮的心思，讲完道理后就逗洪潮，说洪潮你收获不小啊，一变二，战斗力翻番！看来我们不仅得给他们养活这些国民党小老婆，还能给他们养出一个小国民党呢。

　　别扭归别扭，任务还是要完成的。所以洪潮心里虽然不痛快，但为了接近云端，为了了解曾子卿的情况，为了做曾子卿的工作，也就只好搬到一起住，只好整天为她端茶倒水打扫卫生。

　　洪潮发现跟敌视自己的人搬到一起住，也不是一点好处也没有。自从搬到一起之后，洪潮反倒觉得周围的空气开始流通起来，不那么黏稠滞重了。倒不是敌意消失了，而是后背上盯着她的那双眼睛消失了。不知道是因为整天在一起大眼瞪小眼的用不着盯了，还是她整天呕吐顾不上了。反正她再也不那样死死地盯着自己了。所以洪潮心里虽然别扭，但感觉上还是比前一段好过多了。

　　开始洪潮一为云端做事心情就烦躁。尽管洪潮努力克制自己，该做的事都替她做了，但总是心不甘情不愿地拉着个脸。洪潮就是心不甘情不愿，就是打心眼儿里看不上她那副娇里娇气的太太相。部队里怀孕生孩子的女人多了，哪个不是一样的行军？哪个不是一样的打仗？就没见一个像她这么娇气像她这么邪乎的！同样都是女人，谁也不比谁更金贵，谁也不比谁更低贱，怎么就她这么受不了？怎么就她这么邪乎？怎么就她哭天抹泪地非得折腾个天翻地覆?! 多少次洪潮都想把这些话痛痛快快地甩给她，但每次想想都忍下了。

逐渐地洪潮就发现云端好像不完全是邪乎了。她那个样子看上去真的是很痛苦，整天不停地呕吐，吃一点东西就吐，肚子里没东西吐了就吐胆汁，等到胆汁也吐完了就干呕，直呕得恨不得把五脏六腑都倒出来。没几天的工夫，眼见着人就脱了相，眼也塌了，腮也陷了，整个身子都薄成了一张纸儿了。

洪潮没想到女人怀孕会这么受罪。有时候看着云端难受的那个样子，洪潮都想劝她干脆别吃了。反正吃下去也得吐出来，什么都落不下，只落得个难受一场。但她发现云端从来不轻易放弃，无论想不想吃，无论吃了后多恶心、多难受都要坚持着吃，能多吃一口就多吃一口，那情形就好像她吃的不是饭，而是命，她不是在吃饭而是在挣命。

每当吃饭的时候，云端的目光中都充满了渴望。那种极度渴望的眼神儿常会令洪潮的心中怦然而动，因为那不是单纯的对食物的渴望，而是一种孕育生命的强烈欲望。但每当云端把吃进去的东西全部吐尽之后，洪潮就会发现她的目光中又充满了绝望。那母性的哀婉无助的绝望神情，经常如闪电般猝不及防地击中洪潮，使洪潮板结着的内心发生松动。渐渐地，洪潮的心中就有了许多松动的缝隙。渐渐地，在那些松动的缝隙间就生出了许多细嫩的须芽。当那些细嫩的须芽越来越多地充填在洪潮的心中时，她那原本平板干燥的心情就在不知不觉间变得毛茸茸、湿漉漉的了。

洪潮也不知道自己是从什么时候起开始发生变化的。直到今天晚上，她才发现了自己的变化。

晚上云端吐到被褥上了。放在往常洪潮肯定会烦，炕沿下早就给她摆好了盆，她只要把脑袋伸出来就可以吐到盆里，为什么偏要吐到被褥上？但今天洪潮却丝毫没烦，看到云端呕吐得那么厉害，洪潮不由得在心里叹了口气，心想云端今晚这顿饭又白吃了。本来今天晚饭云端吃得挺多的，她心里也挺高兴的，没想到结果还是都吐出来了。洪潮正想着呢，就见云端摇摇晃晃地从被窝里爬出来，挣扎着要下地去收拾，结果差点摔倒了。洪潮赶紧起身扶住她，搀她上炕。见她的被褥已经不能用了，就先把她安置在自己的铺位上躺下了。洪潮觉出了云端的身子一直在发抖，以为她刚才着凉了，就小心地为她掖了掖被角。掖被角时，洪潮发现云端一直胆战心惊地看着自己，惨白的脸上满是尴尬不安。洪潮也不知道自己怎么会对她微笑了一下，很淡，但确实是微笑。

在外面洗被单的时候，洪潮一直在为自己刚才那个微笑感到不安。洪潮不知道自己这是怎么了，为什么要对她微笑。回想起来，大概是她脸上的尴尬不安使自己心里不忍，想给她个微笑，让她不必太尴尬，让她能安心一点吧。可自己为什么要让她安心呢？洪潮觉得自己越来越有点不对劲儿了，简直快要变成她的佟秋了——整天为她端水送饭，为她收拾卫生，想方设法到处给她弄好吃的，和她一起为能吃进去一点东西而高兴，和她一起为把吃进去的东西吐出来而遗憾。没了委屈，没了烦躁，甚至忘了身份，忘了原则立场。要知道，她可是俘虏啊！她的丈夫可是正在与老贺他们面对面作战的敌人啊！但她毕竟只是一个女人，洪潮想，如果抛却她的俘虏身份，抛却她丈夫的敌人身份，单从一个女人的角度看，她也的确够可怜的，够让人同情的了。再说，我这样做也是为了完成任务，为了做她的工作，为了做她丈夫的工作呀。可做工作才更应该有原则，更应该保持立场呀。洪潮转念又想，思绪就像手里的被单一样越揉越乱，分不出个里面来了。

　　洪潮好不容易才睡过去，结果没睡多久就被云端惊醒了。一睁开眼睛，洪潮就惊出了一身冷汗。洪潮差一点就开枪了，当时云端身体的任何部位只要稍微动一下，洪潮立刻就会扣动扳机。好在云端吓傻了，一动也没动。当洪潮弄清云端只是要给自己盖件衣服的时候，真恨不得狠狠地扇她一巴掌。洪潮根本不知道自己当时都朝她吼了些什么，只知道如果不吼出来，自己的手就会失控，脑袋就会炸裂开的。

　　后半夜，她们谁也没睡着。但奇怪的是，从第二天早上起，她们都感到精神仿佛比往常好了许多。也说不清是怎么回事，好像一夜的折腾不仅没加剧内心的疲惫，反倒使心里原先抽紧的那些皱褶也松散开了。

　　洪潮这天上山给云端采了些山里红。洪潮想到山里红还是受了佟秋的启发。佟秋对洪潮说，女人害口大多好酸。我们太太一怀孩子就整天嚷嚷着吃酸，不知吃了多少酸枣、酸梨、山楂呢，直吃得嘴皮子泛白也不肯松口。洪潮就想试试。虽说给一个俘虏去采山里红吃有点过分，但洪潮觉得自己的理由还是很充分的。因为医生说了，胃里再存不下东西，云端肚子里的孩子保得住保不住都很难说了。洪潮无论如何都得想办法保住云端肚子里的孩子，因为这是任务。如果孩子保不住，洪潮的任务就算没完成。更重要的是，如果孩子保不住，曾子卿这个结就系死了，就再没有解开的可能了。这样一想，洪潮上山的时候就很有些理直气壮的感觉了。

当洪潮把山里红放到云端面前的时候，云端的眼睛嗖地一亮，立刻露出了贪馋相。洪潮示意她吃点看看，她马上迫不及待地抓起几颗一起塞进嘴里。看她那副不管不顾的吃相，洪潮都没绷住差点乐出来。

云端果然能吃下去点东西了，虽然只是山里红，虽然还是吐，但总算是吃得多吐得少了。洪潮很高兴，就三天两头上山给云端采山里红吃。每次采回来云端都像见了命似的捧在手里，直吃得满嘴泛红，谁见了谁都跟着牙根子发酸。

眼见着云端的精神就一天比一天好起来了。医生告诉洪潮要让云端经常到外面走走，说这样对她的身体和肚子里的孩子都有好处。洪潮就时常带着云端到外面转，在村子里面到处走。令洪潮没想到的是，云端竟得寸进尺提出要跟她一起上山。洪潮本不想带她去的，但想到医生说过要让她多活动的话，再加上这段时间她一直很听话，表现还不错，想想反正也不会出什么问题，就答应了。

秋天的山最是好看的时候，没了春的稚嫩浅淡，没了夏的单调狂绿，有了红，有了黄，有了多样的色彩，也就有了层次，有了姿态，有了容大千万物的气度。走在山径上，两边的藤蔓枝叶直往脸上扑，扑得人心里痒痒的，真想大喊大叫。

正是山里红成熟的时候，难怪这东西叫了个山里红，山里到了这个季节就满山遍野都被它点染出片片的红。这东西果实虽小，虽不起眼，但架不住多，一多就成了气候，就造出了气势。当那果实成串成串地悬挂在枝头的时候，当那满枝头的果实与阳光亲近着的时候，就鲜亮亮地红了一枝一树，红了一坡一沟，红了一山一岭了。

　　她们边走边采，边采边吃。眼前一棵树比一棵树的山里红多，一棵树比一棵树的山里红大，一棵树比一棵树的山里红味道好，诱惑得她们一程程往前追赶着，不知不觉地就爬上了山坡，不知不觉地就塞满了肚子，装满了兜子。

　　两个人都累了，坐在山坡上喘息着向远处张望。

　　远处碧蓝的天空下，满眼都是五颜六色的秋色。秋到了最美的时候了，洪潮想，只是秋一到了最美的时候，也就到了最后的时候。

　　像为了证实洪潮的想法似的，忽然就刮起了一阵秋风。秋风过处，片片枯叶立刻纷纷扬扬地飘落下来，霎时便如黄花般铺满了整面山坡。

　　"碧云天，黄花地。"洪潮脱口而出。

　　"西风紧，北雁南飞。"云端立刻在一旁接口道。

　　洪潮犹豫了一下，还是忍不住接了下去："晓来谁染霜林醉？"

　　"总是离人泪。"话音未落，云端的声音里已带出了哽咽。

　　一时无话，两人各自怀着各自的心事，默默地望着远处重重叠叠的山峦。

　　离人泪，云端望着空旷旷的碧云天想，怎么没有南飞的大雁呢，真不知子卿什么时候能回来，真不知子卿还能不能回来。

离人泪，洪潮望着远处的霜林想，不知老贺他们仗打得怎么样了，什么时候能把围困的敌人攻下来呢？

霜林醉，可见这世上该有多少离人泪啊。云端伤感地想，什么时候子卿才能不再去打仗？什么时候子卿才能不再与她分离？

霜林醉，可见这世上该有多少离人泪啊。洪潮在心里暗暗地感慨着。不知怎么，她就想起了表哥，想起了与表哥相见的最后一面。那是在表哥被处决之前，当时洪潮已经知道谁也救不了表哥了。从始至终她一直在流泪，竟什么话也没来得及跟表哥说。但表哥对她说的话，她却一直都记得。表哥说："云端，我只要你记住两件事：第一，表哥是真正的共产党人；第二，你要坚强起来，不能总这么软弱。今后表哥怕是不能照顾你了，你得学会自己照顾好自己。"表哥从不叫她洪潮，只叫她云端。自从表哥走了以后，就再也没人叫过她云端了……

"长官，你也喜欢《西厢记》？"云端在一边轻声问。

洪潮没吭声。洪潮不知道该不该跟她说这个话题。她多少有点后悔刚才脱口而出，没能把持住自己。

见洪潮没吭声，云端以为她默认了。云端有点惊讶，也有点兴奋，她没想到女长官也喜欢《西厢记》，而且张口就来熟悉得很。这个发现让云端心里有了一种很知近的感觉，就有了交流的欲望，很想跟女长官说点什么。自然而然地，她就说起了《西厢记》，说起了自己如何喜欢《西厢记》，说起了《西厢记》如何做了她和子卿的红娘，说起了她和子卿如何常常在一起同温西厢……

洪潮开始不想听，想躲开这个话题，但不知不觉竟听进去了。随着她的讲述，洪潮看到了一种别样的生活情境。那是一种既熟悉又陌生，既陈旧又新鲜的情境，似乎曾经离洪潮的生活很近，但却又离洪潮现在的生活很远。心里似乎有什么东西被触动了，洪潮忽然有了兴致。

　　"听说你们两人感情很好？"洪潮问。

　　云端刚点了下头，眼里立刻含上了泪。

　　"你们一直很想要个孩子？"洪潮又问。

　　"是，子卿很喜欢孩子。"云端说，竟含着泪微笑了。

　　洪潮突然想到老贺从来也没提过要孩子。但洪潮觉得老贺的心里也是想要孩子的，可能只是还没来得及说，或者是没找到合适的机会说。洪潮自己倒没想过要孩子。虽然结婚了，但不知为什么洪潮总觉得那是离自己很远很远的事。

　　"你自己呢？"洪潮问，"你喜欢孩子吗？"

　　"喜欢。"云端说，"子卿喜欢我就喜欢。"

　　洪潮最不喜欢她这种腔调，心想她们这种女人就是这样，喜欢依赖男人，总是心甘情愿地做男人的附属品。洪潮向云端望了一眼，发现这女人的脸上此刻正闪动着一种动人的光彩。看来他们的感情真是很好，洪潮想。我会因为老贺喜欢就喜欢吗？不知道，对这一点洪潮有点拿不准。但有一点洪潮心里很清楚，那就是只要老贺提出来，她不管愿意不愿意都会同意。但这可不是依附，洪潮想，可这是什么呢？

　　"其实……其实我也不知道自己是不是真的喜欢孩子。"云端突然说，"原来我以为自己喜欢孩子，那时我没想到怀孩子会这么吃苦。到真怀上了我就有点后悔了，有点不想要了。我也知道这样想对不起子卿，但没办法，最难受的时候，别说是孩子，我连自己的命都不想要了。后来，在我眼看就要撑不下去了的时候，他就来帮我了。"

"谁？"洪潮吃了一惊。

"他。"云端指了指肚子。

"孩子？"

"孩子！"

洪潮摇着头笑了笑。

"你不相信？"云端说："真是他帮的我。他开始在我肚子里噗噗噗地吐气泡，提醒我注意他。真的，我问过徐太太，她们都说这就是胎动，一开始的胎动都是这样的。"云端说着脸上兴奋地泛出了红光，"那真是一种很奇怪的感觉，我突然意识到我的身体不仅仅是我自己的了，里面还有另一个生命，而且是一个依赖我才能活下去的生命。我这人从来都依赖别人依赖惯了的，这是第一次，我有了一种被人依赖的感觉。这感觉既让我担心害怕，也让我激动兴奋。就是在这一刻，我决定了要把这个孩子生下来。无论多难，我也要把这个孩子生下来。"

洪潮体会着云端说的那种感受，竟有点听入神了。洪潮其实一直是对怀孕的事怀有恐惧的。部队的环境太差了，很多女同志都曾经流产、难产过，有的甚至因为生产把命都搭上了，但总断不了有人在怀孕，断不了有人在生产。她们也曾有过这样的感受吗？洪潮忽然发现这事其实离自己并不远。

云端还在不停地说，说她一定要把这个孩子生下来，说她希望这是个男孩，希望这个男孩能像子卿一样，像子卿的容貌，像子卿的性格，像子卿的英勇善战，像子卿……

洪潮的脸突然阴沉下来，云端这才觉出自己说走了嘴，赶紧打住话头改口说："看我净顾得说了，忘了这些话也只是结了婚的女人才听得。你还年轻，听也无味。女人就是这样，走到哪一步才能品到哪一步的滋味。等你结了婚有了男人之后就能……"

"我已经结了婚，有了男人了。"洪潮突然打断云端的话。

云端惊讶地张着嘴，不相信地看着洪潮。

"看什么？"洪潮淡淡地说，"我没必要说谎。"

"我……"云端的嘴顿时就瓢了，"我真没看出来……我以为……"

"你以为什么？你以为你那个曾子卿是英雄对不对？"洪潮气不打一处来，心想这半天净听这个国民党小老婆在自己面前炫耀了，张口子卿闭口子卿的，还敢说什么英勇善战！想到这，洪潮骤然提高了嗓门："你那个曾子卿算什么英雄?！他是国民党反动派，是民族的败类，是人民的敌人！"

云端猛然站了起来，血色一层一层地往脸上涌，煞白的脸立刻变得通红。她嘴唇不停地哆嗦着说："你……你怎么能这样说子卿？你怎么能说子卿是民族的败类是人民的敌人？"她声音里带着明显的哭腔说，"子卿他多年为国效力、尽心尽责。就算……就算……不管怎么说，他还打过日本鬼子，参加过平型关战役、淞沪会战。他三次负伤，多次受到上峰的表彰，还亲手杀死过一个日本少佐呢！"

"那又怎么样？"洪潮冷笑道："我男人曾经一口气砍死过十一个鬼子！"

…………

"想知道我男人是谁吗？"洪潮冷冷地问。

…………

还不待云端回答，洪潮就一字一顿地说："我男人的名字叫贺——辉!"

洪潮看见云端浑身剧烈地抖动了一下,眼睛瞪得老大,嘴巴立刻就结巴了:"是……是那个……"

"对,"洪潮微微一笑,"就是那个把曾子卿牵进包围圈的贺辉!就是那个正在战场上跟曾子卿打仗的贺辉!"洪潮越说心中的自豪感越强烈,"就是那个让你们国民党军队听见名字就闻风丧胆、缴械投降的贺辉!"

往回走的时候,两人没再说话。

洪潮有点后悔带云端上山了。山,是个太引诱人,太纵容人,太释放人心性的去处。洪潮一进山就想疯,就想由着性子耍。所以洪潮才在她面前忘了约束,一时兴起竟脱口说出了王实甫的曲。这就给了她机会,让她得以在自己面前炫耀她的子卿,炫耀她和曾子卿之间的感情。说实在话,她那副一提起曾子卿就"春色横眉黛"的"玉精神花模样",确实挺让洪潮羡慕,挺让洪潮受刺激的。自己毕竟也是结了婚的人,可自己为什么对老贺从来就没有她那种感觉呢?不是不牵挂,洪潮也牵挂老贺,盼望他能打胜仗,盼望他能平安回来,但仅此而已。

不,不能这么想,洪潮使劲儿地摇了摇头。这并不能说明什么,只能说明她和曾子卿之间是小资产阶级情调,而自己和老贺之间是无产阶级革命感情!

自己真是要引起注意了,洪潮心中暗想,最近自己对云端好像越来越放松警惕了。她虽然是个孕妇,但毕竟是俘虏,毕竟是国民党的小老婆,毕竟是敌人。对敌人是要时时刻刻提高警惕的。洪潮不由得又想起了那天晚上发生的事。那晚自己竟然大意得连两人之间的警戒线都忘了设置,待到睁开眼睛时,云端的脸已抵到面前了。谁知道当时她到底是想干什么呢？虽然表面上看是要给自己盖衣服，但她难道真就没有其他企图吗？比如借盖衣服的机会拿下自己的枪，比如用衣服蒙住头以后再对自己下手，这些可能性都不是没有的。要不然她明明知道不许过警戒线，为什么还偏偏要冒这个险?! 想到这，洪潮不由得惊出了一身冷汗。

往回走的一路上洪潮都在暗暗告诫自己：千万不能再受这个国民党小老婆的影响，千万不能再放松警惕了！

八

自打从山上回来后，女长官就一直冷淡着云端。云端心里很惶然。她十分后悔自己在山上胡乱讲话，更后悔一时忘了身份竟为了子卿与女长官争执起来了。

本来这段日子她与女长官相处得挺好的。女长官处处对她尽心关照，她也逐渐接受了女长官，习惯与女长官相处了。云端发现女长官虽然在人前出现的时候总显得很严厉、很冷硬，但一旦单独相处，一旦不再绷着，就会露出另外的一面，就会自然而然地发散出一种温润的气息。虽然这气息很淡，又仿佛被层层包裹着，但云端能捕捉到。云端很喜欢甚至可以说是很迷恋女长官身上的这种气息。特别是在目前的处境下，这气息对云端自然显得格外重要。它能使窒息的心情透气，让憋闷的呼吸顺畅，令蜷缩的内心舒展。当蜷缩着的内心逐渐伸展开来的时候，云端就常常会产生错觉，以为自己可以与女长官走近了，以为可以打开自己向女长官倾诉了。但每当云端刚刚打开自己，还没来得及完全放开时，对方的温润气息就会骤然消失，就像在山上那样出其不意地变成寒流。尽管如此，云端仍然十分珍惜那若有若无、若即若离的气息。其实，云端之所以惶然，就是害怕那温润的气息从此消失不再。

云端到了此刻才发现，自己已经不愿意搬回去住了。所以，连日来云端一直慎言谨行，小心翼翼地看着女长官的脸子，自己的事尽量自己动手打理，能伸上手的事就赶紧抢上去搭把手。但女长官的脸子却始终没能缓过来。

晚上，云端早早就钻进被窝里了。过去晚上临睡之前，云端和女长官还常常有一句没一句地说上一会儿话。现在女长官没话了，云端也掩声了，晚上的这段时间就变得格外空，格外长。

女长官正聚精会神地俯在灯下读一本书。

云端就侧身躺在那里静静地看女长官，也把女长官当作一本书来读。

女长官很耐读，她总给人一种十分清爽的感觉，很精神。云端始终搞不清楚她的精神劲儿是从哪里来的。按说她们这群俘房好赖都是个官太太，哪个也不是白给的。更何况她们个个身上的衣服都讲究得体，个个都少不了描眉画眼装扮自己。但只要一站在女长官面前，立刻就显出了高低上下。尽管女长官只穿着肥大的粗布军装，拢着个短发，且素面对人，但就是透着精神。

女长官的那股精神劲儿，常会让云端想起自己做学生时的模样，想起自己跟在子卿后面参加学生运动时的模样。那时自己也挺有精神的，每天有干不完的事儿，浑身有使不完的劲儿。但自己那时并不在意做事，只在意子卿，以为自己只要有了子卿就足够了，以为一个子卿就足以填满自己的全部生活了。

后来自己真的就有了子卿，真的就把子卿当作了自己生活的全部。子卿在身边的时候自己就醒了、活了，就生活着、快乐着。但只要子卿一离开，自己立刻就会进入半梦半醒的状态：整天混沌着，什么都懒得听，什么都懒得看，什么都懒得吃，什么都懒得做，满世界的事好像一下子都与自己无关了。只有再见到子卿时，自己才能回过神儿，才能重新与这个世界建立起联系。从前云端一直很享受这种感觉，认为这就是做女人，这就是女人的日子，这就是女人日子的全部内容。

但时间长了，心情总围绕着子卿一个人的来去转换，日子就没有原先想象的那么满，那么有味道了。相聚的日子满得往外溢，分离的日子就空得见了底。当见了底的空日子一点点吞噬着心情的时候，云端的心里就现出虚空来了。

云端是比照着女长官才看出自己内里的虚空的。女长官也是女人，也是有了男人的女人，也是男人不在身边的女人，但她的内里好像就是满的，就是充实的。也许女长官外面的精神劲儿就是因了这内里的满和充实才透出来的呢，云端这样想着，不由得就很有了些羡慕的意思。

云端以前没觉出自己的虚空，是因为她身边的女人大多数都跟她一样。男人不在身边的日子里，她们最大的乐趣就是聚在一起打打牌，摸摸麻将。说起怎么打发寂寞的日子，个个都只会在那里感叹、哀怨。虽也有个别能显出精神头的，但都是另有男人支撑着，提不得，也学不得。

云端忽然很想知道，在没有男人的日子里，女长官是用什么把自己充满，是靠什么支撑着的。

也许是那些人，云端想。云端发现这边的人确实跟自己那拨人不太一样。云端其实并不喜欢自己那拨人。她从来都不愿意跟她们扎堆，受不了她们整天东家长西家短，你欠我一瓢我该你一碗的。更受不了太太们拿着自己丈夫的官衔当值，把女人之间的关系也弄成官衙：比自己高的就畏着溜着，与自己一样的就争着斗着，比自己低的就压着踩着。云端发现这边的人与人之间好像就没有那么多讲究，大家似乎都很平等。那个主任看上去也是个不小的官了，但他跟女长官说话时的模样倒像个兄长，说说笑笑亲切得很。女长官按说也是个官太太，但在那些士兵面前就一点架子都不摆，还常常把士兵们的衣服拿回来拆洗缝补。有一次，她亲眼看到女长官为了给士兵补个肩头，竟把自己一件好好的小坎肩拆了。云端看得出来女长官真是挺舍不得那件小坎肩的，下手拆的时候心疼着呢。但云端觉得人与人之间的关系再好也隔着一层，终归比不了自己男人贴心贴肉的滋养。

也许是那些书，云端想。女长官爱读书。住在一起的这段日子，云端看见女长官夜夜都要捧着本书读。云端悄悄留意过那些书，都是些横眉瞪眼的句子，好生无趣。但女长官就能看得进去，就看得有趣。云端不行，云端只能看《西厢记》那样的书。云端突然记起女长官也是喜欢《西厢记》的，不由得心中一动，顿时生出了个念头。

第二天晚上，云端早早就把《西厢记》拿出来，故意放在靠女长官那侧的炕上。为了不让女长官看出自己是有意放在那的，她还把书翻卷着，做出自己看了一半随意扔在那里的样子。她希望女长官看到这本书后会高兴，会因此而转变心情，会重新向她散发那种淡淡的温润气息。

女长官进屋的时候，云端正躺在被窝里假寐。她从眼缝里看见女长官走到炕边，看见女长官发现了那本书，看见女长官的眼睛蓦地一亮……女长官忽然抬头向这边望了一眼。云端赶紧闭上了眼睛。

再睁眼时，云端失望地发现那本书仍旧摆在那里，女长官根本就没碰，正趴在炕桌上写字呢。

早上起来，云端一睁开眼就赶紧看看《西厢记》还在不在，结果见那书还是一动没动地摆放在原来的地方。云端的心情顿时一落千丈，一整天都无精打采，连书都懒得收起来了，就那么在炕上扔着。

云端灰心了，该做的不该做的她都努力做了，看来她与女长官之间无论如何也无法恢复了。死了这份心吧，云端对自己说。

但就在云端不再抱有希望了的时候，转机却突然出现了。

转机是在这天晚上出现的。不知为什么，女长官这天晚上比平时回来得都晚。进屋后还迟迟不睡觉，满腹心事地在地上打转转，一副神不守舍不知该干什么是好的样子。最令人费解的是，女长官总时不时地瞟上云端一眼，但只一眼就赶紧把目光移开，倒像怕了云端似的。

云端没发现女长官眼里的异样，她已经灰心了，已经不想注意女长官了。随便女长官做什么，她只想缩回到自己的心思里。但女长官却突然叫了声：“《西厢记》！”一下就把云端的魂叫出来了。

云端抬眼望去，看到女长官竟像是刚刚发现《西厢记》似的，正惊喜得把书捧在手里，心中不由得疑惑，有些闹不准女长官昨晚是不是真的看到书了。还不待云端想明白，女长官已经开口问了：“这书是你的吗？”女长官脸上的笑容有点不自然。云端点点头。“能让我看看吗？”女长官又问，神情倒像有点紧张似的。云端又点了点头。女长官立刻笑了，很夸张很热烈地连连说："谢谢你了曾太太，谢谢！谢谢！"

云端简直蒙了，半天都没反过劲儿来。她从没见女长官有过这么夸张的表情，也从没见女长官说过这么热情的话。难道她昨天晚上真的没看见书吗？可自己明明看见她站在了书的面前，明明看见她发现书的一刹那脸上露出了惊喜的表情。

不管怎么样，事情总算是朝好的方向发展了，云端终于大大地松了口气。这真是个出人意料的结果！这个结果虽然令云端费解，但毕竟让云端高兴，让云端心满意足安安心心地睡了个好觉。

从这天开始，云端过了一段被俘后甚至是子卿离开她以后最舒心的日子。在得知真相以前，云端一直都以为这段日子是《西厢记》带给她的。

女长官对她的态度突然有了很大的转变，不仅不再冷淡她了，反而常常主动找话跟她说，说话的口气也总是很温和，很关切。弄得云端都有点不适应了，常有受宠若惊、手足无措的感觉。更令云端感到欣慰的是，女长官不再防贼似的提防着她了，晚上睡觉时也不在两人之间设警戒线了。

刚开始在一起说话时她俩还都有点紧张，都有点不知所云。但明显看得出双方都加着小心，都在有意地迎合着对方，呼应着对方。幸亏有本《西厢记》，有了书就有了更多的说话的理由和契机。渐渐地，云端和女长官之间的话就越来越多了。

当然，她们谈得最多的还是《西厢记》。从《西厢记》的话题引发开来，自然就会谈到男女之情，自然就会谈到个人的情感经历。但每当话题走到这个地方，女长官就闭口不言了。所以大多数时间都是云端在讲她和子卿的种种情感故事。

云端发现女长官很喜欢听她和子卿的故事，但她听的时候常会走神儿，一走神儿脸上就会现出一些与话题完全不符的神情，或伤感，或悲悯，或欲言又止的抑郁。但只要一发现云端注意到她溜号了，她立刻就会认真起来。这种明显的迎合态度使云端心里非常受用，因此就讲得越发投入，越发起劲儿了。

交流得多了云端就产生了一种感觉，觉得女长官似乎对男女之事并不那么有经验，至少没有她有经验。但云端不敢说漏，甚至都不敢表现出来。有山上那一次教训就足够了。云端记着呢，云端是个有记性的人。

但云端还是怎么看怎么都觉得女长官不像是个结了婚的女人，没那个味儿。结了婚的女人就像开裂的石榴，再怎么收着红艳艳的籽粒也会露在外面。姑娘家不用收就显出紧，像没灌足浆的果子一样，虽也长了个成熟模样，但口感硬，生涩。女长官就收得很紧，就显得生涩。

可女长官却咬钢嚼铁地说自己已经结了婚，已经有男人了。有名有姓的一个男人——贺辉。而且女长官显然很为自己的男人自豪呢。云端就想象那个叫贺辉的男人是个什么样子。想象能让子卿的人听见名字就闻风丧胆、缴械投降的男人是个什么样子。但她想不出，一想就想到子卿身上了。

她们常常吹了灯躺在被窝里说话。女人在夜晚里黑着灯说话是最惬意的一件事情，但也是最危险的一件事情。大概是由于隐在了黑暗里就会心无所忌的原因吧，这时的话题往往离身体最近，离心灵最近。

云端记不起那晚的话题是怎么滑到那种事上去的。只记得听见女长官突然问她是不是真的愿意做那种事的时候，她着着实实地吓了一跳。她是想了一下才反应过来的，反应过来之后就笑了，就有点不好意思地说了句愿意，接着又补上了一句："哪能不愿意呢？"

女长官半天没吭气，过了许久才犹豫着说："我……我怎么觉得那种事……一点意思也没有呢？"

云端有些发愣，一时不知该怎么说，过了一会儿才问："那你……我的意思是说，你的身体有没有那种……那种快乐？"

"什么样的快乐？"

"怎么说呢？就是非常非常的快乐，是从心里发出来的，但不仅仅只是心里快乐，身体也快乐。那感觉怎么说呢，就好像是身体里的每一个细胞都被调动起来了，都在兴奋着，都在快乐着。"

没听到女长官的呼应，云端又接着说："打个比方吧，有点像开花，有点像花朵怒放的那个瞬间。身体突然间打开了，怒放了，露出了自己最美丽的姿态，还有什么比这更快乐的呢？"

见女长官那边还是没有呼应，云端又打比方说："还有点像飞，像荡秋千。你荡过秋千？但不是你指挥自己的身体飞，而是你的身体带着你飞。你什么也不用想，什么也不用做，只听任身体带着你飞翔，攀升，再攀升，直至顶峰，然后突然坠落下来。这种飞翔和失重的感觉带来的快乐简直是妙不可言。"云端忽然发觉女长官一直没应声，就赶紧打住，小心翼翼地说："我也说不太清楚，不知道对不对。你……你没有这样的感觉吗？"

"没有。"女长官的声音一下变得很低很远："只是疼，只有疼痛的感觉。不快乐，一点也不快乐……"

谁也没再说话。

黑暗中，云端觉得自己的心像被一只手攥住了一样，一直在隐隐作痛。怎么会呢？怎么会是这样的呢?！云端想，怪不得自己总觉得女长官不像结过婚的女人，怪不得女长官总是显得那么紧，那么生涩。云端始终认为没有男人为女人的生命灌浆，女人是不会真正成熟的。女人生命的钥匙其实是掌握在男人手中的，只有男人才能把女人的生命完全打开。一种深深的怜悯之情突然袭上心头，云端的眼睛立刻潮湿了，心里感到了一种深深的痛楚。云端忽然很想搂住女长官，和她一起放声痛哭，给她一点体贴，给她一点温暖。

"怎么会是这样？"云端心疼得声音都颤抖了，"真是难为你了，你……"

"没什么，"女长官却突然打断云端的话说，"我不在乎。真的。"

沉默了一会儿，女长官突然提高嗓音说："其实，你说的那些快乐只是肉体上的。人是有精神的，人应该追求精神上的快乐。如果只一味追求肉体上的快乐，人就跟低级动物没什么区别了。"

云端一下就噎住了。

九

曾子卿团被全歼的消息是在几天前的一个晚上传来的。这个消息令部队大为振奋。曾子卿团是徐克璜师的主力团，歼灭了这个团就等于砍掉了徐克璜的右臂，徐克璜就很难再顽抗下去了。

洪潮正跟大伙儿一起兴致勃勃地议论时，主任把她叫去了。当时洪潮还在兴头上，什么也没注意到。事后回想起来，主任当时的情绪的确有点反常。

那天主任一直在抽烟，抽得嘴都燎起了泡，还说了很多莫名其妙的话。

主任说："洪潮啊，这一段你工作做得很不错。"

洪潮回答说："主任，我做得还不够。"

"不不。"主任摆着手说，"很好，你已经做得很好了。"

洪潮的脸就红了，很兴奋的样子。

主任抽了口烟说："这一晃真快，比起刚来的时候，你可是成熟多了。"

洪潮就笑了，说："主任这么培养，我还能总不成熟吗？"

主任说："我还记得你刚来时的那副小模样，绵绵软软的，娇娇滴滴的，动不动就哭上一鼻子。"

洪潮不好意思地笑着说："那不是过去嘛，人家早就改正了。"

"是啊。"主任突然长叹了一口气说："洪潮是变了，硬实了，坚强了。"主任突然转移话题问："有什么困难没有？"

洪潮说："没有，主任，我没有困难。"

主任半天没说话。过了一会儿主任才问："你还是跟那个国民党小老婆住在一起吧？我是说曾子卿的那个……"

"是。"洪潮忽地一下想起了曾子卿，赶紧问道："曾子卿呢？被我们抓到了吗？现在他……"

"阵亡了。"主任说。

洪潮怔怔地望着主任，半天没说出话。

主任拍了拍洪潮的肩膀说："今天你就让她搬回去吧，不用再跟她住一起了。"

"不行。"洪潮突然说。

"还是搬回去吧。"主任又说了一遍。

"不行！"洪潮的反应超乎寻常的激烈："她现在不能搬回去。"

"何必呢洪潮。"主任疑惑不解地望着洪潮说，"反正我们现在也不需要再做她的工作了嘛。"

"但她的身体还没恢复呢。"洪潮担忧地说，"她现在身体状况很差，要是知道了曾子卿阵亡的消息，肯定挺不过去。"洪潮几乎是在乞求主任了，"主任，就让她在我那再住几天吧。"

主任深深地看了洪潮一眼，不由得叹了口气说："洪潮你这是怎么了？她不过就是个俘虏嘛，用得着这样吗？"

"可她还是个孕妇。"洪潮也叹了口气说，"谁让她是孕妇呢，要不然，我也就不用管她了。"

主任默默地审视着洪潮，眼神儿有些异样，深深的瞳孔里仿佛层层叠叠地壅塞着许多的内容。"那好吧，"主任说，"那就再住几天。不过时间不能太长，不能影响你……"

洪潮一听主任同意了，就赶紧表态说："主任你放心，我不会受她影响的。我立场坚定着呢，我知道该怎么做。"

主任的眼睛突然有些发红，他背转身去，不耐烦地朝洪潮连连摆手道："去吧，去吧，我知道，我知道……"

几天来，洪潮一直对云端封锁消息。不为别的，她呕吐刚好了一点，刚能吃进去点东西，得让她养养身子，不然这个致命的消息会把她击垮的。

洪潮从来没这么用心地去迎合过别人：装作突然发现《西厢记》，以此为由头跟云端套近乎；尽量找话题跟云端说，调节她的情绪；努力配合云端的心情，耐心听她说这说那。这些做法果然奏效，云端这几天情绪一直很好，话越来越多，脸上也有了些笑模样。

只是云端太愿意谈曾子卿了。任何一个话题她都能三拐两拐地拐到曾子卿身上。每当看到她提起曾子卿时的幸福兴奋的样子，洪潮的心里就会出现那种隐隐作痛的感觉。洪潮不明白自己为什么会有这种感觉。她清楚地知道自己是不应该有这种感觉的，曾子卿是敌人，云端是敌人的家属，自己应该恨他们，而不应该同情他们。但洪潮控制不了自己。因此洪潮常常陷入矛盾的心态之中，不知该如何面对自己的心理感受。

更令洪潮无法面对的是，她发现自己竟然在内心里暗暗地羡慕着云端和曾子卿之间的感情。洪潮不知道自己这是怎么了，越来越容易跟随她的讲述走进去，常常会走到很深很远的去处。洪潮有一种奇怪的念头，很想在那个深远的去处遇见自己的表哥，很想让表哥带着她一起神游，体会种种自己从未经历过的新鲜的、激情的、令人向往的感受。洪潮越来越贪恋她的故事了。

但真正令洪潮的心态发生变化的，还是那天晚上的一番谈话。

洪潮是早就想问那种事的，只是一直开不了口。洪潮心里始终有个疑问，想知道是不是别的女人也像自己这样不喜欢做那种事。如果真是这样的话，女人为什么会愿意结婚呢？洪潮想不通，难道女人只是为了让男人得到欢愉吗？这也太不公平了！那女人自己呢？女人能得到什么？

这个问题一直困扰着洪潮，但洪潮轻易不敢张口，始终把它紧紧地咬在唇齿之间。没想到一不留神竟从嘴里冲出去了，连洪潮自己都被吓了一大跳。

　　洪潮没想到会引得云端说出那样一番令她震惊、令她心动、令她向往的话。云端的感受竟与自己完全不同！洪潮怎么也没料到那种事在云端的生命体验中会是那样的美好，那样的快乐，那样的令人心驰神往。那一刻，洪潮忽然发现自己做女人做得很可怜，很失败。一种强烈的自卑感紧紧地攫住了洪潮的心，心口开始绞着劲儿地疼痛起来，疼得洪潮差点哭出声来。

　　洪潮紧紧咬住被头，咬了好一会儿才克制住自己的情绪。情绪平静下来之后，洪潮就发觉自己又有点不对头了。自己怎么能轻易就受她的影响，接受她的那些说法呢？她是个俘虏，是个敌人，她说的那些即便是事实，也是不健康的，是有害的，是腐朽的！洪潮忽然清醒过来，发觉自己刚才真是糊涂了。其实，与精神相比肉体上的快乐只能算是低级的，自己怎么能被她所渲染的低级快乐所诱惑呢？洪潮真有点后悔自己刚才说了那些话了。尤其后悔一时没能站稳立场，竟让云端在自己面前占了上风，竟让云端得以抓住机会展示、炫耀她的那些低级快乐。

　　虽然洪潮后来对云端表示了自己不在乎，但内心却再也无法平静下来了。洪潮觉得自己就像中了邪一样，满脑袋都是云端那些令人神往的描绘，满脑袋都是云端描绘的那些快乐场景。那东西就像贴在了洪潮的瞳孔里一样，不停地在洪潮的眼前晃动、变幻，无论怎样努力也挥之不去、驱之不散了。

　　后来，洪潮就一直望着窗外的那轮残月，久久不能入睡。不知什么时候，残月悄悄地从窗棂间溜了进来，紧紧地拥住了她的身体，又轻手轻脚地替她一颗一颗地解开衣扣，脱下了内衣。银白色的月光立刻扑在她赤裸的身体上，深情地抚摸着她，亲吻着她。她静静地等待着，等待着身体脱离自己的那一刻，等待着身体把自己带到那个美妙的地方，等待着身体带着自己去飞翔，去攀升，然后坠落……

但，什么也没有。

云端已经睡熟了。月光下，她睡梦中的样子很恬静，嘴角上带着微微的笑意。

看着眼前这张熟睡着的脸，洪潮实在想不明白上天为什么会对这个女人如此青睐，实在想不明白这个女人凭什么能独得这么多的爱，这么多的快乐。她脸上那恬静的笑容就像一把锋利的刀子刺进了洪潮的心口，心中原本忽明忽暗的火苗如同被风惊醒了似的，突然熊熊燃烧起来，直烧得洪潮两眼炯亮、双颊通红。恨就在燃烧的炉火中迅速地抽芽、生长、粗壮起来了。

洪潮发觉自己再也忍受不了这个女人了，自己恨这个女人，恨她那张脸和那张脸上的所有表情，恨她的男人和那男人带给她的所有快乐，恨她的《西厢记》和她所有的《西厢记》做派，恨她的怀孕，恨她的呕吐，恨她所拥有的一切一切！

不知什么时候，洪潮摸出了手枪，黑洞洞的枪口对着那张熟睡的脸，在黑暗中久久地闪着冷冷的青光……

十

如果不是在院子里遇到了佟秋，如果不是佟秋冒冒失失地说出了那些话，云端恐怕至今还被蒙在鼓里。

本来云端今天的心情很好。昨天晚上跟女长官说了那么多女人家的私房话，云端心里很畅快。尤其是女长官能跟她谈到"那种事"，实在让云端感到意外。云端很高兴，看来女长官真把她当成自己的姐妹了，一点都不见外。虽然女长官最后的那句话说得很硬，虽然女长官早上起来后脸色一直很难看，但云端并不介意。云端心里挺体谅她的，昨天晚上一下子说给了她那么多的话，换了谁事后想起来都免不了有些后悔，有些尴尬。没关系，很快就会过去的，云端想。所以，云端今天的心情一直很好。

云端是晚饭前在院子里遇见佟秋的。佟秋一见她眼圈立刻就红了，拉住她的手说："曾太太，你一定要保重身体呀。"

云端莫名其妙地望着佟秋。

佟秋的眼泪就下来了，流着泪说："曾太太，你要多想想肚子里的孩子，为了孩子也要保重自己。"

云端不由得笑了，边想佟秋今儿这是怎么了，边赶紧点头道："我知道，我会注意的。谢谢你了佟秋，你看我现在不是好多了吗?"

佟秋见云端竟然还能满脸含笑，不禁有些意外地说："曾太太，原来我还一直担心你会挺不住，看到你这个样子我就放心了。"转念想了想又说："看来女人还是得怀孩子，只要有了孩子就什么都不怕了。"

云端想起佟秋一直没怀上孩子，就安慰她说："别着急佟秋，你还年轻呢，你一定会怀上的。"

佟秋却说："曾太太，我不敢想，真的不敢想了。我没你这么坚强。他们整天在外面打仗，万一哪天我家老爷也像曾团长一样殉身在战场上，我可……"

"佟秋!"云端惊讶地望着她，"你说什么佟秋?!"

佟秋的嘴巴一下张得大大的说不出话了。

云端突然抓住佟秋使劲地摇晃着喊道："佟秋！你说什么？你说什么呀佟秋？！"

佟秋浑身哆嗦起来："曾太太，你……你不知道？你不知道曾团长已经……"佟秋突然哇的一声大哭起来，转身跌跌撞撞地跑了。

洪潮回到屋里来的时候天已经很晚了。屋里没点灯，洪潮点上灯后发现云端蜷缩在炕头，怀里紧紧地抱着那本《西厢记》。

炕桌上的饭菜已经凉透了，显然一动没动。洪潮没好气地问了一句："你怎么又没吃饭？"

云端忽然从角落里发出了一声悠悠的长叹，念了句道白："红娘，甚么汤水咽得下呀……"

又是《西厢记》！洪潮立刻反胃似的反上来了一股子烦躁。她还真把自己当成崔莺莺，把我当成她的红娘了！洪潮心里悻悻地想，嘴里冷冷地说："曾太太，我看你还是将就着点别太挑剔了。这些饭菜可都是单独给你做的，可都是尽着最好东西给你做的。"

云端却没听见似的缓缓站起身，对着窗外幽幽地唱了起来："将来的酒共食，白泠泠似水，多半是相思泪……"

洪潮真受够了，啪的一声把手里的东西摔到炕上，厉声道："你不要太过分了！这么好的饭菜还说什么白泠泠似水？告诉你，这样的饭菜别说我们吃不上，连我们的伤病员都吃不上呢！"

云端没听见似的仍旧背着身唱道："眼面前茶饭，怕不待要吃……"唱到这里，云端突然转过身，眼睛血红地看着洪潮，从齿缝里挤出了一句："恨——塞满愁肠胃。"

洪潮怔愣了一下，见云端如发热病了似的面色潮红，正用充满仇恨的目光瞪视着自己。洪潮一直压抑在胸中的怒火立刻被那目光点燃，熊熊燃烧起来。

四目相对，她们狠狠地瞪着对方，在目光中交流着彼此心中最深刻的仇恨。直到此刻，她们才发现眼前的这个人才是自己真正的敌人，才是自己最憎恨的人。

突然传来了一阵脚步声，两人立刻警觉地竖起了耳朵。是院外的哨兵，洪潮听出来了，是哨兵在换岗。洪潮不易察觉地微微一笑，撇开那个神经兮兮的云端，自顾自地放下铺盖躺下了。

洪潮打定主意明天一早就把这个国民党小老婆搬回去，她再也不想理睬这个女人了，不想再看这个女人没完没了的呕吐，不想再像丫鬟似的伺候着这个女人，不想再任这个女人在自己面前扬扬自得地卖弄、炫耀，更不想再听这个女人张嘴闭嘴、没完没了地搬弄她的《西厢记》了！

洪潮没想到自己很快就睡过去了，而且睡得那么沉。

下半夜，洪潮被一种异样的声音惊醒了。一睁开眼睛，洪潮就看见云端紧缩在炕角，手里正摆弄着一把枪。她迅速地在枕头下面摸了一把，不禁惊出了一身冷汗：枪不见了！云端竟趁自己睡觉的时候把枪摸走了！

发现洪潮醒了，云端吃了一惊，立刻把枪口对准了洪潮。

洪潮只觉得脑袋里轰然一声巨响，下意识地刚要翻身坐起，就听见云端喊了声："别动！"

洪潮停止了动作，目瞪口呆地望着眼前那个黑乎乎的枪口。

在枪口的后面，她看到了云端那双充满了仇恨的眼睛。洪潮心里一沉，心想完了，今天是要死在这个女人的手里了。想起前两次自己用手枪指住她的情形，洪潮心里真有说不出的后悔，当时怎么就没开枪呢？难道自己就这样死在这个女人的手里了吗？悔不当初啊！自己真是太大意了！太大意了！洪潮不甘心地闭上了眼睛，她听见了云端急促的喘息声，听见了衣服的窸窣声，听见了扳机的扣动声，接下来枪就该响了……

但那枪却迟迟也没有响。

洪潮慢慢地睁开眼睛，看到云端正在手忙脚乱地摆弄手里那支枪，看架势她显然不熟悉枪。洪潮心里一阵狂跳，试探道："你要干什么?!"

云端一愣，立刻又把枪口对准了洪潮。

"你想打死我?"洪潮问。洪潮觉得自己的心马上就要跳出来了，心脏拼命地撞击着胸膛，撞出阵阵擂鼓般的轰响。

云端不回答，拼命地摇着头，举枪的手也剧烈地抖动起来。

洪潮强压住内心的慌乱说："告诉你，打死我你也跑不掉！只要枪一响，院外的卫兵立刻就会冲进来。"

这句话显然提醒了云端。云端愣了一下，忽然慌慌张张地把枪口掉转过来，对准了自己。

洪潮被她的动作吓了一跳，猛然翻身坐起。云端向后缩了一下，枪口却依然顶在自己的头上。洪潮突然醒悟过来，这女人是想自杀！洪潮本来还想大声叫卫兵，这下倒不敢轻易喊了。

洪潮镇定了一下，压低嗓门对她说："把枪放下！"

云端面色惨白地看着洪潮，一动没动。

"你想死?"洪潮说，"你不能死！你还要等曾子卿呢。你不是一直在等着曾子卿回来吗?"

"别说了!"云端大喊了一声,眼泪决堤般地涌了出来:"子卿……他……他已经死了……"

洪潮心里咯噔一声,原来她知道了!

"我知道。"云端说,"我什么都知道。我知道子卿早就被你们打死了!我还知道子卿一定是被你那个男人打死的!怪不得从见面那天起,我就觉得和你之间迟早会发生点什么事,果然就发生了,果然……"

洪潮这才明白她晚上为什么不吃饭,为什么不睡觉,为什么要唱那段戏,为什么要偷自己的枪。原来她什么都知道了。

"我恨你!"云端说,"你不知道我有多恨你!是你撕了我写给子卿的信,毁了我的希望。如果子卿看到了我的信,他就不会死,就会活下来,不管多难他都会活下来,会活着回来找我!"

"把枪给我!"洪潮克制着自己,尽量平静地说,"就算曾子卿不在了,你肚子里还有个孩子。想想孩子吧,想想你为这个孩子吃了多少苦……"

"孩子?"云端苦笑道,"子卿都不在了我还要孩子干什么?我要孩子本来就是为了子卿,我是为了子卿才要的这个孩子啊!"云端突然仰天道:"子卿,我什么也不要了,我只要你!你等等我,等等我……"说着就扣动了扳机。

洪潮心口一紧,本能地闭上了眼睛。

但等了半天,却没听见枪响。待再睁开眼睛时,洪潮才发现云端脸色煞白,正不知所措地盯着手里那支没打响的枪。

原来她不会打枪!

原来她连保险都没打开!

洪潮立刻毫不犹豫地扑上去夺枪。但云端却把枪紧紧地抱进怀里，说什么也不肯撒手。

"把枪给我！"洪潮厉声道。

云端死死地护住枪，一声不吭。

"把枪给我！"洪潮又喝了一声。

云端仍旧不肯放手。

洪潮强行抢夺起来，两人立刻扭打到了一起。她们从炕头滚到炕梢，翻来覆去地直到筋疲力尽停下来时，两双手还都死死地抓着枪，谁也不肯松。

洪潮气喘吁吁地喝道："放开手！"

"不！"云端上气不接下气地回答。

"再不放手我就开枪了！"洪潮急了。

"你开枪吧！"云端很干脆地回答。

"别以为我不敢开枪！"洪潮喊道，"你放手！"

"我不会放手的。"云端的声音突然变得出奇的平静，"你开枪吧。"云端说，"你把我打死吧，就算帮我个忙。"见洪潮仍在使劲儿夺枪，云端突然大声说："告诉你，你不打死我，我就不会放过你！"

洪潮冷笑道："你能把我怎么样？"

"我是不能把你怎么样。"云端说，"但我会可怜你。"

洪潮打了个愣："我看你还是先可怜可怜自己吧！"

"不，我没什么好可怜的。"云端微微一笑，"我有子卿，我此生有子卿足矣。我只是可怜你，可怜你枉做了一回女人！"

见洪潮脸色突然涨红，云端又继续说道："我问你，你懂得情吗？你懂得爱吗？你懂得男女之间的欢愉吗？你不懂，别看你也是为人妻，但你却什么也不懂。"

洪潮的脸色霎时变得苍白。

云端几乎凑到洪潮的面前，口含讥讽地在洪潮的耳边说："那你还算什么女人？那你还做什么女人？你不配！"

"住口！"洪潮歇斯底里地大叫起来。

"我不会住口的。"云端说，"我不仅不会住口，我还要告诉你，你那个男人也不配，他不配……"

"乒"的一声，枪不知怎么突然就响了。

她俩都愣了，一起低下头看枪，一时搞不清是谁把枪弄响的。

血出来了。她们看见了血，看见鲜血正从云端的胸前汩汩地流淌出来。两双手同时痉挛了一下，又同时松开，枪一下掉下来了。

血还在汩汩地往外流，云端脸上的红晕像退潮一样渐渐退去……洪潮猛然惊醒过来，不顾一切地扑到云端身上，用手拼命去堵那个血窟窿，但怎么也堵不住。

"你……你先坚持一下，我去喊医生！"洪潮慌乱地说。

"不用了。"云端说，声音很轻但很清晰。

洪潮抬起头，看到云端的脸上竟浮现出一丝微笑。

"不用了。"云端说，"子卿还在前面等着我呢，就让我去追他吧。"见洪潮还是执意要去喊医生，就拉住她的手恳求道："别离开我，好吗？送送我吧，好赖我们也算是姊妹一场吧。"

见洪潮不再挣脱了，云端才安下心来，看着洪潮的眼睛问："你恨我，是吗？我知道你恨我。可我不恨你。我想告诉你，其实我挺喜欢你的，也挺羡慕你的。"

洪潮的头一下就垂下去了。

云端接着说："我自幼孤单，没有姊妹。其实你我本该能结成一对好姊妹的。可惜了……"云端突然问："我能叫你妹妹吗?"

洪潮迟疑着点了点头。

云端的脸上露出了笑容，轻轻地叫了声："妹妹。"云端说："这些日子多亏了妹妹的精心照顾，姐姐谢谢你了。"

洪潮使劲儿摇了摇头。

云端又说："妹妹，你可千万别记恨姐姐呀。姐姐也是不得已才用那些话来伤你。否则你怎么会……"

"别说了……"洪潮抬起头，早已是泪流满面。

"好吧，不说这些了。"云端忽然问，"妹妹，咱们姊妹一场，我还不知道你叫什么名字呢。"

"云端。"洪潮脱口而出。

云端的眼睛睁得大大的，不相信地看着洪潮。

洪潮赶紧指着自己，肯定地说："真的，我的名字也叫云端。"

云端的脸上掠过了一丝惊异，过了半天才说出了一句："天意。"随后又长长地感叹了一声："天——意——呀!"

云端的呼吸眼看着就越来越微弱了。她强睁开眼睛，断断续续地对洪潮说："妹妹，看来这世上……容不下两个……云端哪，姐姐就……先去了。那本《西厢记》就……留……留给……"

十一

主任闻讯赶来的时候，洪潮正在给云端擦拭。

主任就站在洪潮的身后，但洪潮一直没回头。主任在洪潮身后足足抽了两根烟，才开口说道："洪潮啊，我非常理解你的心情。但不管怎么样，我还是得批评你一句。洪潮你不该这样做呀。咱们解放军历来讲优待俘虏，连战场上缴枪的敌人都不杀，何况她一个手无寸铁的女人。"

见洪潮没吭声，主任又继续说道："我理解你的感情，我知道……"主任的声音忽然哽咽了："我知道老贺牺牲……你……你心里难过。我心里也一样难过啊。"

洪潮突然停下不动了。

"所以我一直没敢告诉你。我是怕你挺不住，就总想往后拖一拖，再拖一拖。没想到你到底还是先知道了。"

洪潮的后背僵了一下，头慢慢地垂下来，深深地埋在胸前。

主任还在不停地说着，说他和老贺是同乡，说他们是九死一生一起从长征一直走到了现在，说他们曾经历过许许多多的残酷战斗受过无数次的伤，说老贺这次回来的时候还跟他打了个赌，赌这次能不能种下个种，赌这次种下的是儿子还是姑娘。主任的声音越来越低，唏嘘着说不下去了。

洪潮一直僵在那里一动没动。

平息了情绪之后，主任真诚地说："洪潮哇，今天晚上的这件事既然已经发生了，你也不必有太重的思想负担。这件事就交给我来处理吧。我会给出一个合理的、对各方面都交代得过去的说法。放心吧洪潮，我保证不会让这件事给你造成任何影响。你只需要记住一点：不是你开的枪。听明白了吗？"

洪潮仍旧僵着不动。

主任叹了口气说："洪潮，你还是先回去休息吧，这里我安排别人来整理。"

洪潮的手又开始动了，她从头到脚一下一下精心地擦拭着，直到把云端的全身都擦得干干净净。最后，洪潮拿起了那本《西厢记》。书已经被血浸染了。洪潮小心翼翼地擦干封面的血迹，翻看了几页，才轻轻地把书摆放在云端的身上。

做完这一切之后，洪潮终于缓缓地站起来，转过身，神情恍惚地看着主任。

主任什么话也没说，只默默地把老贺的遗物捧到了洪潮面前。

洪潮目光迷离地看着那些遗物，仿佛是在努力思索到底发生了什么事情，老贺为什么要把这些东西捎回来。

"洪潮，你千万不要这样……想哭，你就哭出来吧。"见洪潮这个样子，主任不禁心如刀绞，忍不住先自流下泪来。

洪潮却没流泪，她默默地看着那几件东西，总觉得什么地方有点不对头。是什么地方不对头呢？洪潮觉得自己的脑袋瓜里很疼很僵，好像被刚才那些不断往外流淌的血给糊住了似的，怎么也转不动。她拼命地转动脑袋，使劲儿地想：是什么地方不对头呢？是枪吗？对了，好像是枪。洪潮拿起老贺的手枪仔细看了看，是了，就是枪！问题就在这：怎么能把枪搞得这么脏呢？上面有这么多的泥土，还有凝固的斑斑血迹。老贺看见该生气了，洪潮想，老贺的枪从来都是擦得锃明瓦亮，纤尘不染的，如果看到把他的枪弄成这样能不生气吗？对了，还有我那把枪，简直就是从血里捞出来的，脏透了。这枪可是老贺送给我的，得赶快擦出来，不然老贺看了会不高兴的，会质问地发出一声"嗯？"

洪潮一旦想明白了，立刻毫不迟疑地坐到桌前擦起枪来。她擦枪擦得十分仔细，把全部精力都集中在了这两把枪上。那神情仿佛擦枪是当前最重要的一件事，是她唯一应该去做的一件事。擦完以后，洪潮把一大一小两把枪并排摆在面前，仔仔细细地检查了好久，这才满意地松了口气。

主任一直在旁边看洪潮擦枪。洪潮这副不哭不闹的样子很让他担心。他过去总批评洪潮太软弱，太爱哭了，可当洪潮真的不哭了的时候，他才发现女人不哭反倒比哭更令人揪心，更加可怕。

接下来，洪潮的举动就不仅是让主任担心，而是让他震惊了。

只见洪潮站起身，对着那两支枪深深地鞠了三个躬后，又重新坐下，用布把自己的眼睛蒙上了。她深深地吸了一口气，就开始拆装枪。只见她双手飞速地动作着，随着手的飞舞，一支枪如变魔术般地迅速分解开，又迅速地组合到一起了，全部过程只用了一口气的时间。第一支枪拆装完毕后，她平息了一下呼吸，又深深地吸进一口气，开始拆装第二支枪……

主任的喉头一下就哽住了——这是老贺的绝活啊！

两支枪都拆装完了，洪潮却久久没把蒙眼睛的布拿下来。主任这才发现那块布上有了两块洇湿的痕迹，那痕迹慢慢地向外扩散着，越来越大，越来越清晰，很快整块布就都湿透了……

洪潮拿下蒙眼布的时候，脸上的表情很平静。她开始平静地往枪里压子弹，一粒一粒地压进去，直到两把枪都压满了子弹。压完子弹，洪潮站起身来，戴上军帽，系好衣扣，扎紧腰带，从头到脚整理了一遍军容。

该拿枪了，洪潮的手在枪上轻轻地抚摸着，来来回回地滑动着……突然，洪潮收回了手，端端正正地敬了个军礼，果断地抓起了枪。

洪潮一手提着一支枪从主任身边大步走过。

主任喊了声："洪潮。"

洪潮听见了，脚下停顿了一下，疑惑地向周围望去，似乎想搞清谁是洪潮。

主任一把拉住她，急切地叫着："洪潮。"

洪潮神情恍惚地看着主任，吃力地想着"洪潮"这个熟悉的名字。谁是洪潮？洪潮想，是我吗？可我不是叫云端吗？那我到底是谁？是洪潮还是云端？洪潮觉得脑袋里一片混沌，所有的东西都搅和在一起分不出个儿了。洪潮不想再想下去了，她还有紧要的事情要做。她使劲甩掉主任的手，继续向门外走去。

主任惊呆了，大叫了一声："洪——潮！"

洪潮没听见似的径直向前走去，头也不回地走进了夜空。

夜空中先是响起了一阵清脆的枪声。枪声响过之后，就传来了一阵撕心裂肺的哭号。

那晚，凄厉的哭声一直在无垠的夜空中回荡着，久久不散。

《十月》2006年第4期

命案高悬

胡学文

一

夏日的中午，光棍儿吴响伏在芨芨丛中，虎视着牵着牛的尹小梅。

吴响想把尹小梅搞到手。在北滩，尹小梅算不上漂亮，一张普通的梨形脸，眉眼也不突出，总在躲着谁似的，更没有王虎女人那种风骚劲儿。她很瘦弱，走路慢悠悠的，像一棵失去水分的豆芽菜。可吴响就是喜欢她。从尹小梅嫁到北滩那天起，这种喜欢就固执地扎进吴响心里，在清淡的日子中蓬蓬勃勃地生长着。喜欢当然要费点儿心思，当然要下手。只是几年过去了，吴响仅接近了尹小梅两次。一次是在河边，尹小梅挽着裤腿洗衣服。吴响装作正巧经过的样子，和尹小梅亲昵地打招呼。尹小梅顿时涨红了脸，没等吴响再说什么，抱着衣服逃了。这个女人一定读懂了吴响的眼神，害怕了。第二次是在尹小梅家，吴响给尹小梅下一份通知。吴响是护林员，有资格给各户下"通知"。尹小梅接过那页写着黑字的黄纸，吴响趁机抓住她的手。手很软，似乎没有骨头。尹小梅惊恐地一缩，但没抽出去。她往后撤着身子，脸漆一样白。吴响微微笑着，加重了力气。黄宝在县水泥厂当壮工，两星期才回来一趟。尹小梅的公公黄老大住在隔壁的院子，吴响有恃无恐。两个人拽着，很有些游戏的成分。尹小梅突然低头咬了吴响一口。不是一般的咬，是拼了性命的。吴响带着血青色的牙印悻悻离开。尹小梅竟如此刚烈，出乎吴响意料。说到底，吴响不敢把事情做得太绝。和女人好，要来软的，或软中带硬，一味硬肯定糟。吴响清楚这点。

吴响没得手，但想头更厉害了，几近痴迷。就像摁弹簧，摁得越紧，撑得越长。越是得不到，越是想得到。吴响虽是一介光棍儿，但身边不缺女人，可谁也代替不了尹小梅。谁也代替不了尹小梅在吴响心中的位置。吴响发誓一定要把尹小梅搞到手。机会像旱天的雨，好容易飘过一团云，没等掉下一滴，又忽忽悠悠飘走了。

吴响是光棍儿，在村里的地位却不低，因为他是护林员，挣着一份工资，享受村干部待遇。吴响比村干部还会享受，他把地包给别人种，平时除了去树林里转一遭，再无事可干。多余的精力没处打发，只能找女人。

吴响鼻子很灵，如果发现树被砍掉，只消一个时辰就会嗅着木头的气息追到偷伐者家。那些人讨好着、恭维着、检讨着，然后往吴响兜里塞两盒烟，或三五块钱，吴响训斥两句也便作罢。村民砍树都是自家用，吴响睁只眼闭只眼。村主任找过吴响，怪他没原则。吴响很干脆地说，那就把我换掉。村主任没换吴响，在村里找不出能替换吴响的人。吴响有一股蛮劲、一股驴劲，拉下脸六亲不认，村民心里骂吴响驴，都怕吴响。护林员就得吴响这种人，换了别人，那些树早就光秃秃的了。吴响的"身份"对尹小梅不起任何作用，尹小梅连树林都不进，总是离吴响远远的。

　　但转机还是来了。两年前，吴响又多了一份职务：护坡员。以前草场可以随意放牧，随意挖药材，现在不行了，要保护草场。草场都用铁丝围栏圈住，护坡员的职责就是防止人和牲畜进入。和护林员不同的是，护坡员的工资由乡里出。吴响去乡里开了一个会，回来把乡里的禁令贴到村头。那份禁令主要是罚款数额：人进草场挖药材，一次罚六十；牛马进入罚一百；羊进入一只罚五十。禁令贴出第二天，吴响就抓住了挖药材的王虎女人。吴响沉着脸问，没看见禁令？王虎女人笑嘻嘻地说，看见了。吴响说，看见还进来？王虎女人撇撇嘴，你黑夜敲窗户，白天就正经了？吴响说，一码归一码，乡里让我管我就管。王虎女人瞅瞅四周，我就不信这一套，说着就脱裤子。白晃晃的屁股一闪一闪，吴响的眼便眯成了一条线。送到嘴边的肉，吴响哪有回绝的道理？吴响心疼嫩绿的花草，紧抓着王虎女人的腿，不让她来回翻滚。事后，吴响在白屁股上拍一掌，下次别进来了。可过了没几天，王虎女人又进去了。吴响还是老规矩。吴响的窍就是被王虎女人捅开的，再逮住别的挖药材或放牧的女人，吴响就罚她们的款，一直罚到女人脱了裤子。

　　吴响又瞄上了尹小梅。尹小梅可以不去树林，但她躲不开草场。尹小梅家有一头奶牛，奶牛当然要吃草，哪里的草有围栏里的茂盛？只要她钻进一次，他就牢牢套住她。尹小梅似乎觉到了吴响的阴谋，要么自己割草，要么在地畔放牧，始终不越过那道线。直到最近，吴响才发现尹小梅的蛛丝马迹，原来她和他打游击呢。尹小梅利用吴响中午吃饭的机会，把牛牵进草场大吃一顿。没想到尹小梅竟有这鬼心眼儿，吴响意外而窃喜。

吴响继续盯着尹小梅。尹小梅穿了件浅绿色衬衣，吴响看不清她突出的胸部，这使他对那个地方有了更多想象成分。尹小梅鬼鬼祟祟地望着村里的方向，又望一眼，确定没有人影，牵着牛朝围栏豁口走去。吴响的心跳撞在芨芨草上，击出空空的声音，生怕自己飞起来，紧抓着细长的草叶。吴响为了套尹小梅，只是回村绕了一圈，又悄悄潜回草场。

六月的阳光骨白骨白的，很重。

吴响特意选在毛文明来的日子收网。如果尹小梅不给面子，就把她交给毛文明。毛文明是副乡长，包着北滩的工作。吴响刚当护坡员那会儿，毛文明郑重其事地找吴响谈话，老吴啊，咱俩拴在一条线上了，你可不能吊儿郎当的。吴响拍着胸脯保证，毛乡长放心，我吴响不是吃素的。毛文明赏了吴响一盒烟，就靠你了。过了一段，毛文明又找到吴响，说别的村罚了多少多少钱。毛文明说护坡员的工资就由罚款出，罚不上款，年底吴响就甭想领工资。吴响听出意思，光护不行，罚款也是一项重要任务。

罚就罚，吴响随时能把脸拉下来。进草场的并非都是女人，是女人也不是都给吴响脱裤子。吴响挑挑拣拣地罚，不过没按照乡里的禁令罚，咋说也是一个村的，该抬手还得抬手。比如柳老汉，快七十的人了，一听罚钱，扑通一声就跪下了，求吴响放了他。慌得吴响搀他起来，让他赶紧走。比如哑巴女人，穷得连袜子都穿不上，唯一值钱的就是那两只羊，吴响忍心罚吗？对那些耍赖的，吴响就交给毛文明处理。别看毛文明嘴巴的毛没长齐，很有手段。毛文明嫌吴响罚得少，北滩的草场面积全乡最大，别的村都罚到北滩的几倍了。毛文明给吴响弄了一辆旧摩托，还说罚款额增加了，给吴响换辆新的。毛文明也不闲着，三天两头检查。吴响充其量是刀背，毛文明则是刀刃。尹小梅若是不识好歹，就让她碰碰刀刃。

尹小梅牵着牛从豁口进了草场。她终于进去了，吴响轻轻咬咬嘴唇，生怕一不小心笑出声。豁口是那些进草场的人弄出来的，吴响曾报告过毛文明，想把口子补住。毛文明说算了吧，补上还是往坏弄，乱花钱。后来吴响琢磨出这句话的味儿了，毛文明确实比吴响心深，一种探不到底的深。

吴响匍匐爬行，慢慢向草场豁口靠近。吴响搞女人是老手了，但从来没有现在这么兴奋过。他实在太喜欢尹小梅了。

尹小梅盯着牛的嘴巴，轻声催促，快点儿！快点儿！吴响暗笑，就算牛长了一丈长的舌头，也得一口一口吃。

吴响站起来，喊了声尹小梅。声音很轻，他怕吓着她。

尹小梅猛地一抖，迅速回过身，满脸的惊恐和慌乱。她的嘴唇碰了碰，却什么也没说出来，只是吃力地挤出一丝生硬、干巴的笑。

吴响绷住脸，你这是第几次了？

尹小梅紧张地说，三次。

她显然吓坏了，想撒谎又不敢彻底地撒。

吴响说，你根本不止三次。

尹小梅躲避着吴响的目光，就三次。

吴响说，就算你三次吧，一次一百，三次罚三百。

尹小梅仰起苍白的脸，这么多？

吴响问，禁令上怎么写的？你没看？

尹小梅小声说，我没钱。

吴响说，没钱拿牛顶。

尹小梅下意识地牵牵绳子。她用央求的口气说，放了我吧，下次不敢了。

吴响为难地说，我放了你，乡里可不放过我。

尹小梅的目光在草上跳闪着，无措的样子。如果是王虎女人，早就把裤子脱了，哪用费这个唾沫？尹小梅守得紧紧的，一点儿不懂利用自己的资源。可吴响喜欢她的也正是这点儿。吴响想尹小梅永远不会主动，自己动手得了。他试探地拍拍她的腰，她马上躲开，敌视而慌张地瞪着他。吴响笑笑，放你倒是也行，不过……尹小梅已经明白，脸上飞起一抹红晕，但还是警觉地问，你要干啥？吴响说，我喜欢你，从你嫁到北滩那天就喜欢你了。尹小梅扭转头，胸脯迅速起伏着，不知是紧张还是害羞。

吴响觉得时机成熟了，突然抱住她。

尹小梅大惊，奋力挣扎着、叫着，别……声音很轻，但很执拗，没一点儿妥协的意思。

牛受到惊吓，挣脱缰绳跑了。

尹小梅没有像上次那样咬吴响，她躲避着，眼睛湿淋淋的。

吴响松开了，他不想强迫她。

尹小梅惊喘着，满脸是泪。她瞪了瞪吴响，往草场深处追去。那头牛快跑得没影儿了。

吴响帮尹小梅牵回牛，毛文明恰好到了草场边。毛文明带着三轮车，每次来他都雇一辆三轮。人证物证俱在，尹小梅抵赖不了。吴响憋了一肚子火，当然不会帮尹小梅说话，是她自己撞到枪口上的。毛文明要罚款，尹小梅一口咬定没钱。她的语气很硬，直到毛文明要拉牛，她才慌了。毛文明虎着脸说，明知故犯，乡里正想抓个典型呢。尹小梅求救地望着吴响，吴响的心动了动，但他闪开了。这个女人，得让她吃点儿苦头。

尹小梅撒泼了，她竟然撒开泼了。她拦着毛文明，并且在毛文明手上咬了一口。她咬顺口了，可那是毛文明的手，怎么能咬呢？可她就是咬了。似乎还想咬第二口，毛文明躲了。尹小梅没能拦住谁，牛被强行弄到车上。尹小梅疯了似的，扒到车上，紧紧抱住牛腿，像抱着命根子。毛文明冷笑，我正想让你去呢，和政策对抗，就不光是罚款的事儿了。那时，吴响确实想替尹小梅说句话，可毛文明正在气头上，他刚吐出一个字就被毛文明挡回来。吴响的舌头转了转，叫，小梅！尹小梅抬起头，她的眼睛有些肿，有些红，水汪汪的，可目光分外地硬，直直地刺进吴响心里。一绺头发垂下来，在眉角拐了个弯儿，贴在鼻翼一侧。吴响哆嗦了一下，嗓子忽地哑了。

这是尹小梅留给吴响的最后形象。

二

吴响很蔫。尹小梅和她的牛被毛文明拉走，一股黑烟扑到吴响脸上，吴响就蔫了。吴响蓄谋多日的计划扑了个空。那情形就像一个胸有成竹的猎手，火都架好了，就等夹子一响收猎物了，没想到猎物和夹子一块跳进了别人怀里，自己扑到的只是一团风。尹小梅这个死心眼儿女人，碰都不让他碰。撞到毛文明枪口上，有你好受的。甭说罚三百，罚六百也得交。毛文明要是算起老账，也许不止六百。毛文明不是吴响，不会给尹小梅留面子，更有办法撬开尹小梅的嘴巴，让她交代私进草场的次数。尹小梅自作自受，怨不得吴响。可吴响的心是那样的空，空得能装下整个草场。尹小梅在空旷中固执地长出来，柔软而坚硬地直视着吴响。吴响的腿颤了颤，一弹一弹往回走。他得通知黄老大，早点儿往回领人。他只想让尹小梅吃点儿苦头，一点点儿就够了。

黄老大驴个子，只是背总是驼着，随时给人鞠躬的样子。黄老大空长一副大骨架，看起来壮，身体非常虚弱，常年吃药，秋天的脚步还没到就捂上了大口罩，整个一个病老爷。性格也弱，女人在的时候，什么都是女人拿主意；女人死后，黄老大没了主心骨儿，就向别人讨主意。吴响平时很少和黄老大打交道。

吴响叫了半天，没人答应，便推门进去。黄老大正睡觉，身上搭一块厚厚的棉垫子。吴响举起手，又缓缓放下了。黄老大未必吃得住他这一拍。吴响重重地嗨了一声，黄老大抬起被炕席印出各种图案的脸，吃惊地看着吴响，嘴里呼出厚重的铁锈味。吴响说得简短，但很清楚，黄老大慌慌地点头。吴响一转身，黄老大叫住他，问，她进草场了？吴响说，当然进了。黄老大嘀咕，这可咋办，这可咋办？吴响强调，拿钱领人。他到了街上，黄老大又三摇两晃追上来，问带多少钱。吴响说二百吧。黄老大几乎哭出来，我没钱啊。吴响说，没钱去借，一头奶牛，一个儿媳，总不止二百吧？黄老大的眼球艰难地滑动着，似乎在算这笔账。

吴响泡了碗饭，还没扒拉两口，黄老大又弓腰进来。吴响为了套尹小梅，没顾上吃午饭，这阵儿饿了，懒得理他。吴响不问，黄老大也不开口，紧盯着吴响的碗。吴响实在憋不住了，问他有什么事。黄老大伸长脖子，什么时候领人？吴响粗声道，什么时候都行，越早越好。黄老大愁眉苦脸地说，我借不上钱啊。

吴响没好气，借不上找我干吗？黄老大说，你替我想个主意。吴响不耐烦地说，给黄宝打电话，让他回来。黄老大垂着手，我……没他的电话。吴响说，那就去找他。黄老大想了想，也只好这样了……我坐车去？吴响几乎气笑了，那么远的路，你想爬着去？黄老大哎哎着退出去，我坐车去，坐车快。

再他妈啰唆，黄花菜也凉了。吴响暗骂。这句话倒提醒了他自己，不知毛文明把尹小梅怎样了。毛文明的目的是罚款，尹小梅老老实实的，不会有别的问题。如果尹小梅不知轻重就难说了。那可是乡政府，那可是毛文明啊。吴响不踏实了，决定去探探风。

吴响把自己的坐骑推出来。吴响对它是又爱又恨，虽说是旧摩托，骑着还是蛮威风，恨是因为它不长脸，往往在关键时刻熄火，怎么踹也不哼一声。还特别费油，像喝一样。汽油比麻油都贵了，所以每次加油，吴响都想扇它几个大嘴巴子。

又是一顿乱踹，脚脖子都麻了，仍没响声。吴响骂声×，村主任走过来，说，连摩托都×，你小子是铁打的啊。村主任冬夏扣着一顶蓝帽子，除非发脾气骂人才会摘下来。吴响漫不经心地瞅村主任一眼，说，这破货，我真想×了它。村主任问，尹小梅让毛乡长拉走了？吴响说，谁让她往枪口上撞？村主任说，毛乡长不好惹，你求求情，一个女人，罚几个钱算了，黄宝又不在家，黄老大缠我半天，我就差给他下跪了。吴响乐了，村主任也害怕？村主任说，当然怕了，我担心他栽在我家门槛上。说着踢了一脚，摩托忽地发动着了。俩人愣了愣，同时笑了。吴响骂，这小子，见了村主任就不敢装哑巴了。

乡政府东面有一排旧房，是原先的兽医站。兽医站盖了新房，这里就做了乡里的临时仓库。吴响扒在门口，看见木桩上拴了两头牛，却没有尹小梅的。吴响纳闷，尹小梅关在什么地方？他憋足嗓子喊了两声，两头牛又是叫又是抻脖子的。

乡政府的院子很普通，还没有电管站的气派。吴响每次进来，目光都要往紧缩缩，不像在北滩那样肆无忌惮，随便乱撞。这是一种发怵的感觉。吴响很恼火，他一直认为自己天不怕地不怕。为了掩饰心虚，他就吹口哨，让口哨敲开毛文明办公室。

毛文明正往手心倒药片，桌上好几个药瓶子。他冲吴响点点头，指指沙发，让吴响坐。吴响问，毛乡长不舒服了？说着从烟盒抽出一支，自己点了。毛文明并不回答，将满满一把药片搁进嘴里，咕咚咽进去，方说，胃疼。末了又痛苦地补充，喝酒喝的。在北滩，吴响和村主任是喝酒次数最多的人，也没喝到胃疼的份儿上。吴响用关心的语气说，以后少喝点儿。毛文明骂着脏话，你以为我想喝？不喝不行啊，天天有检查的，哪个也得罪不起，都得陪。我这还算轻的，李乡长最多一天陪了六班客人。李乡长是一把手。毛文明伸过头，让吴响看他的嘴。他的嘴唇上有几个黄豆大小的黑斑。毛文明说，看见了吧，这叫酒苔，肝胃吸收不了，就逼到嘴唇上了。吴响表示同情地叹口气，心里却巴不得自己长几个酒苔。

毛文明忽然问，那女人叫什么？

吴响马上坐直，叫尹小梅，她咋没在兽医站那个院子？

毛文明说，我把她关别处了，她态度实在不好。

吴响解释，她有病，这种人犯不着和她计较，我就怕她骂难听的，所以赶过来。

毛文明说，她骂倒好了，现在她死不开口，问她话，理都不

134

理，紧抱着牛腿，好像我要把牛吃掉。

吴响说，我已经通知她家里人了，交了罚款，把她放了算了。

毛文明摇头，别人可以，她不行，必须让她从思想上认识到错误。想搞对抗，没门儿！都像她这样，乡里的威信往哪儿搁？我以后怎么开展工作？

吴响说，女人嘛，没啥见识，我说服她。

毛文明冷笑，你不相信我的能力？

吴响忙说，我没那意思，谁不知道毛乡长的能力，掏出来装两大麻袋。

毛文明说，我要是连个农村女人都治不了，就没脸在营盘乡待下去。你等着瞧，交罚款的时候让她服服帖帖。

吴响呆了几呆，再次提醒，天黑前她家就能送来罚款。

毛文明摆摆手，这里没你的事了，你走吧。她家来人，找我就是。

吴响提出看看尹小梅。毛文明奇怪地说，看她干啥？她又不是你的相好。吴响没再坚持，这个时候看尹小梅，是自讨没趣。

吴响在乡政府门口守着，想等黄老大父子来了一块儿找毛文明。夜色重得抹都抹不开了，黄老大父子也没露面。这个黄老大，莫非在路上养孩子了？吴响骂着黄老大，去食品店买了两个麻饼一瓶橘汁，想送给尹小梅。毛文明办公室锁着，吴响转了半天也没找见。当然没法给尹小梅送去，他将东西放在毛文明门口，快快离开。

吴响一天没吃上囫囵饭，想去东坡解解馋。东坡有他的铁杆相好。到了村口又没进去，只要进去，一时半会儿就走不了。吴响怕黄老大找他扑空。家里没剩饭，吴响懒得生火，吃了一袋方便面，灌了两瓶啤酒。光棍儿的日子总是马马虎虎。夜短得还没火柴棍儿长，吴响睡了一会儿，天就亮了。吴响去找黄老大，两家门都锁着。难道黄老大走丢了？也不知尹小梅这一夜怎么过的。吴响惦记着尹小梅，如果黄老大还不露面，他一定要把她保出来。

　　一出村，看见被牛牵着的黄老大。牛饿了一夜，急于找吃的，疯疯癫癫的。黄老大弓腰拽着缰绳，脸憋成黑紫色，豆样的汗珠叮满每一道皱纹。黄老大想站住，可牛看见吴响，走得越发快了。吴响赶上去拽住绳套子，问，怎么才回来？尹小梅呢？黄老大喘着粗气说不出话。村主任怕黄老大栽在门槛上，还真是这样，怎么看黄老大都是一盏纸灯笼。好半天，黄老大的喘才平息下去。他说天晚了，没赶上车，他和黄宝步行回来的。吴响吃了一惊，你也是走回来的？黄老大说，走……走回的。吴响问，尹小梅咋没回来？黄老大说，她在医院呢。吴响听出自己的声音抖了，她怎么在医院？黄老大的皱脸几乎垂下来，她犯病了，我紧走慢走，她怎么就犯病了呢？

　　吴响急赶到卫生院。院里站着三个人，毛文明、派出所焦所长、卫生院长独眼周。三个人围成半圆形，中间坐着一个抱着头的男人，是尹小梅的丈夫黄宝。站着的三个人都盯着吴响，黄宝依然是那个姿势，仿佛凝固了。焦所长和独眼周面无表情，毛文明则显得不安。

　　毛文明向另外俩人介绍，这是北滩的护坡员吴响。

　　吴响问，尹小梅呢？

　　焦所长和独眼周冷漠地看着他，毛文明给吴响使个眼色，示意吴响走到一边。这时一直抱着头的黄宝突然仰起脸，眼睛红红地盯着吴响。吴响意识到黄宝的目光不对，尚未做出反应，黄宝猛地跳起来扑向吴响。焦所长和独眼周及时抓住黄宝，黄宝仍将一口痰吐到吴响脑门儿上。

吴响没有抹掉那口痰。听到尹小梅死去的消息，他彻底傻了。

三

尹小梅的死在村民嘴里嚼了一阵，便剩下几缕叹息。死是伤感的，带着寒意的，可死亡又是不可抗拒的，谁挡得住呢？

吴响不这么认为，尹小梅的死与他有着极大的关系。其实他能拖住死亡的腿，不让它靠近尹小梅。如果他不设套子，完全可以阻止尹小梅越过围栏；如果他不蓄谋搞她，就不会故意把她交到毛文明手里；如果她不被毛文明带到乡里，不被关起来，就不会丢掉性命。吴响被难过与自责纠缠着，怎么也挣不脱。

那些日子，吴响干什么都打不起精神。每天上午骑着摩托疯转，下午一头扎进三结巴酒馆，要一瓶酒，一盘花生米，一盘猪耳朵，提前了夜晚的生活。三结巴乐坏了，从乡里买了五十个猪耳朵，冻进冰柜，专供吴响。吴响的脑袋喝成斗篷，天差不多就黑透了，三结巴拿来纸笔，吴响歪歪扭扭写个"吴"字。三结巴赔着笑，让吴响再加一个字。吴响毫不客气地把笔扔掉。三结巴捡起笔，自己补个"响"。吴响看不见这些，他已跟跄在路上了。

吴响醉酒是为了躲开尹小梅。她把他折磨得精疲力竭，恍恍惚惚，实在吃不消了。如果脑袋不被酒精挤满，尹小梅就会钻进去。可后半夜酒醒之后，尹小梅还是往脑里钻。一绺头发垂下来，在眉角拐个弯儿，贴在鼻翼一侧。她的眼睛有些肿，有些红，水汪汪的，目光则硬得枪一样。她的嘴巴抽动着，似乎要说什么。吴响大汗淋漓，等尹小梅把那句话说出来。尹小梅却把嘴巴闭上了。吴响说，小梅，我对不起你。我他妈不是人。尹小梅只是冷冷地望着他。

吴响企盼白天，到了白天又早早地把自己拽进夜晚。吴响想找个藏身处，哪里找得到呢？

吴响对尹小梅三个字格外敏感，怕经过尹小梅家门前，怕别人提到尹小梅，谁说到尹小梅就和谁干架。村民摸透吴响的毛病，宁可跟黄宝、黄老大说尹小梅，也不跟吴响说。村民还摸透了吴响的习惯，只要吴响一进酒馆，便飞快地牵着牛赶着羊往围栏里去。其实，吴响知道，每日酒馆前总有一两个孩子或妇女，那是监视吴响的。吴响有意外的举动，比如突然离开酒馆，他们就迅速把消息传递开。但吴响懒得管，他想用稀里糊涂减轻一些罪责感，尽管他的马虎已和尹小梅无关。

那天，吴响刚喝了两口，村主任进来了。吴响指指对面的凳子说，坐下，喝几口。村主任把帽子抓下来，往桌上一砸，你还有心思喝酒？你去看看围栏里成啥了？吴响说，不就是草吗？今年吃掉，明年又长出来了。村主任说，扯淡吧，那样还要你这护坡员干啥？你以为看草场是你一个人的事，弄不好，我跟着挨训，我也和乡里签了责任状。吴响灌下一杯酒，打着嗝说，那你护算了。村主任说，工资呢，你也不要了？吴响说不要了。三结巴慌了，吴……响，不……能……不要……工……资，没工……资，咋……喝酒？吴响不言声了，三结巴说的全是大实话。村主任说，毛乡长给我打电话，问你是不是整天睡大觉？吴响问，他呢？咋不来？出了尹小梅的事，毛文明很少在北滩露面。村主任说，他去学习了，刚回来就听说你吊儿郎当的。吴响的心动了动，谁说我不管了，一天耗两个油呢。村主任把酒瓶拿开，对三结巴说，不能让他喝酒了，他喝一次，我罚你一次，你挣十块我罚你二十，你挣二十我罚你四十。三结巴看看吴响，又看看村主任，一脑门愁云。他刚又进了五十个猪耳朵。村主任拽吴响，走，驮我去草场。吴响没犯拗。

两人一出门，一个妇女慌慌张张地跑了。

村主任骂，×，都成游击队了。

吴响的院墙是黄土夯的，不足半人高，形同虚设。老远就看见院里一股黑烟，吴响说声糟了，大步跑起来。

摩托被烧得面目全非，只剩下一副乌黑的骨架。地上的木条还未燃尽，仍在冒烟，显然是有人故意点的。尹小梅死后，村民对吴响有成见，吴响觉得出来，但没想到有人报复他。吴响的脸慢慢黑了。

村主任安慰，反正是破车。

吴响踢了一脚，去草场。

第二天，毛文明打电话，让吴响去乡里找他。毛文明没有任何变化，还是平头，喜欢眯着眼看人，嘴唇上的酒苔又密了些。想必学习期间也没少应酬。毛文明说他刚回来就打问北滩的事，听说禁牧工作做得不好，是不是这样？吴响含含混混地说，是不太好。毛文明问吴响罚了多少钱，吴响说一个没罚上。毛文明沉下脸，怎么搞的嘛？既然有人违反政策，为什么不罚款？你的工资可是从罚款中扣的，你是不是想撂挑子？毛文明不是村主任，吴响不敢那么随意，诉苦说，我一去他们就跑了，根本逮不住。

毛文明说，想办法嘛，这能难住你？而后语气一转，问吴响摩托是不是烧了。吴响点点头。毛文明说，知道别人为啥烧你的摩托？为啥你管的时候不烧，你马虎了反而烧你的车？因为你管是代表政府，是在执行政策，所以没人敢烧你的车。谁敢和政府对抗？你不管，白挣着那份钱，大家心里不平衡，就烧你的车。你再这么没原则，下一步还要烧你的房子，烧你这个人。吴响辩不过毛文明，唯有点头。毛文明说，摩托烧就烧了，我给你弄辆新的。毛文明没说尹小梅，吴响也不敢提。

吴响从乡里回来，屁股底下已是一辆崭新的摩托了。毛文明的话起了作用，吴响在村里转了两圈，便去了草场。

晚上，吴响轻松下来，就去东坡找徐娥子。他和徐娥子相好很多年了，两个村的人都知道。先是地下行动，后来就公开了。徐娥子不怕，吴响当然更不在乎。

吴响的摩托一停，徐娥子就跑出来。探着头佯问，这是谁呀？吴响明白她嫌他不来了，在她胸上摸了一把。徐娥子有一对大奶子。徐娥子低声斥责，少占我便宜。吴响把摩托推进院，先一步进了屋。徐娥子的丈夫正吃面条，四十几岁的人已完全谢顶，亮闪闪的。他和吴响打声招呼，加快了吃饭的速度。徐娥子问吴响吃了没，吴响说没呢。徐娥子的丈夫搁下碗，对吴响说你慢慢吃，我得去菜园下夜。吴响掏出一盒烟，徐娥子的丈夫装上走了。

剩下两个人，徐娥子的气就粗了，你还能想起我呀？

吴响嘿嘿一笑，我把自个儿忘了，也忘不了你。

徐娥子呸了一声，没良心的东西。

吴响说，良心中看不中用哦。

徐娥子端上面条，上面卧了两个鸡蛋，一个红辣椒。吴响喜欢吃辣椒，徐娥子每年都腌一大罐子。吴响要酒，徐娥子说，骑摩托还喝酒，出事我可担待不起。

吴响知徐娥子还在闹气，想揪她的鼻子，她躲开了。吴响暗暗一乐，低头吃面。徐娥子说，吃了走吧，我今儿不舒服。

吴响挤挤眼，我带你去医院。

徐娥子骂声赖皮，给吴响倒了一杯酒。

吴响从怀里掏出一盒化妆品。这盒化妆品花了三十多块钱，是买给尹小梅的。吴响原打算把尹小梅搞到手后，送她一盒化妆品，怎料半点儿用场也没派上。

徐娥子说谁稀罕，还是接过去。打开，嗅了嗅，叹口气，我老眉老眼的，搽灵芝也不灵了。

吴响说，谁说你老了？掐都能掐出水来。

徐娥子翻吴响一眼，神情已经鲜活了。男人送一句讨好的话，比化妆品还灵验。

徐娥子把碗筷一收拾，吴响就拽过她。徐娥子说，我得洗把脸哪，你个饿死鬼！吴响说我帮你洗，一出汗连澡都洗了。徐娥子骂驴，呼吸已经不匀了，反手箍住吴响。女人就这样，只要往一块儿一睡，天大的怨气都能消。

折腾得湿漉漉的，俩人歇着喘气。

徐娥子问，你刚换了摩托吧，那辆彻底烧毁了？

吴响问，你怎么知道？

徐娥子反问，我怎么不知道？美国总统搞女人我都知道，两个村离这么近，咋也没美国远吧？

徐娥子向来嘴快。吴响在她身上拍了拍，旧的不去，新的不来，这辆摩托是乡里给我买的。

徐娥子问，乡里给你一辆新摩托？

吴响有些得意，毛文明亲自给我挑的，别看我不是村主任，可比村主任的待遇高。

徐娥子嘘了一声，啥待遇？怕是堵你的嘴吧。

吴响愣住，堵我的嘴？

徐娥子说，给你摩托，你还能把黄宝女人的事说出去？

吴响嗖地坐起来，黄宝女人有什么事？

徐娥子说，瞧你吓成这样，还把我当外人哪！黄宝女人的事谁不知道？她死在了乡政府，乡里怕黄宝告状，给了他八万块钱呢。唉，说来说去，谁死谁可怜，黄宝有那八万块钱，娶两个都够了。

吴响怔怔的，尹小梅死后，这是他第一次听说她的事。徐娥子说得有板有眼，他竟一无所知。

吴响问，你知道她是咋死的？

徐娥子说，谁知道呢，听说发现的时候人就凉了。忽然想起什么，问，她到底怎么死的？是不是让那个姓毛的乡长……

吴响打断她，胡说！

徐娥子说，一辆摩托就把你的嘴堵死了，我又不跟别人说。

吴响说，她死在了医院，是犯病死的。

徐娥子道，哄鬼去吧，她死了才抬到医院的。

吴响审视着徐娥子，这是谁告诉你的？

徐娥子说，反正不是我胡编的，人们都这么说，你审问我干啥？

吴响忽然说，我得走了。

徐娥子急了，你这是咋了？坏了良心的，吃完就走！看你明儿还来！

四

　　吴响回到家已经半夜。他急匆匆的，并不清楚自己要干什么。徐娥子的话让他震惊。尹小梅死在了乡政府。死后拉到医院。八万块钱。这些话不停地在脑里撞，撞得眉骨都要裂了。尖厉的声音在耳膜上穿啸，搅得尘土飞扬。无风不起浪。徐娥子绝不会凭空捏造，她又有什么理由捏造呢？尹小梅和她没任何关系。毛文明说尹小梅犯了病，独眼周抢救半天也没抢救过来，这是吴响刚到医院时，毛文明讲的。吴响信以为真，他打算到停尸房瞅一眼的，被毛文明制止了。毛文明指指黄宝，狂怒的黄宝刚刚消停，吴响也就作罢。此刻他才明白过来，毛文明不想让他知道真相。如此推想，疑点确实很多：毛文明说尹小梅犯病，特意强调一犯病就送过来，乡里和医院尽了最大力，他为什么要强调？乡下人有句话，叫瓦片盖屁股，越盖越露。还有，为什么毛文明一脸不安？为什么焦所长也在医院？吴响当时没有细想，尹小梅的死把他搞蒙了。如果没有问题，黄宝不会得到八万块钱。吴响试图找出传言的漏洞，如此推测下去，却对徐娥子的话做了一个论证。

　　尹小梅死后拉到了医院。

　　一条八万块钱的协议拴住了黄宝。

　　尹小梅的死就这么简单地结束了。更让吴响喘不上气的是，他对尹小梅死后的事一无所知。他沉在自责和悲痛中，堵住了自己的耳朵。害怕听到尹小梅的任何消息。

　　东方的曙光一点点挤进来，夜色一层层褪去。待吴响灰白的脸露出清晰的轮廓，他终于清楚自己要干什么了。他要弄明白尹小梅的死亡真相。他不知道弄清楚了又怎样，他没想那么远，他就是想弄清楚。吴响当然不会想到，他的决定会击碎一个封冻的冰面，会把自己拖进泥浆中。

吴响站在尹小梅家门口。院门用粗铁丝绞着，已然有了斑斑锈迹。吴响拧了拧，放弃了。不是拧不动，是没必要。拧开，他会进去吗？窗户已经用泥坯封住，牛圈敞着门，鸡窝寂静无声，整个院落一派荒凉，唯有屋檐下两串孤零零的干豆丝，显示不久前还有人住过。吴响凝视片刻，缓缓移开。

旁边的院子却是另一个样子。没到门口，新鲜的牛粪味就扑进鼻孔。那头奶牛，就是尹小梅经常牵的那头，警惕地打量着吴响。吴响稍稍慌了一下，重重咳嗽一声。牛低下头吃草，吴响竟然长舒一口气。

吴响喊了两声，窗帘拉开一角，黄老大的脑袋闪了闪。尹小梅死的当天，黄老大找过吴响一次。一向懦弱的黄老大骂吴响害了尹小梅，拿头撞吴响。黄老大嘴角泛着白沫，喉咙呼哧呼哧响，吴响担心黄老大晕过去。人们把黄老大拉开，黄老大又是拍胸又是跺脚，乱叫，天哪，天哪！黄老大这样的人一旦发怒，是很难缠的。吴响想好了怎么对付他，可黄老大没再上门。

黄老大猛烈地咳嗽一阵，抱怨被苍蝇吵得没睡好，往天早起了。

吴响说，我路过这儿，顺便看看你。

黄老大略显不安，我这药罐子，一碰就碎。

吴响说，别让我站外面哪。

黄老大道，我打开门？

吴响笑笑，我飞不进去。

黄老大迟迟疑疑打开木栅门，却没有让吴响进屋的意思。吴响不轻易登别人的门，他去谁家，说明谁家有"事"了。黄老大盯着吴响，吴响却不看他，沿着院子扫视一圈，小房、鸡窝、柴垛，最后落在电视天线杆子上，黄老大买电视了。

黄老大问，又丢树了？可不是我干的。你瞧瞧，我哪扛动一棵树？这根电视天线杆子是旧的。

吴响说，我不是来搜查的。

黄老大疑疑惑惑的，那你干啥？……那天的事是我不对，我老糊涂了，明明和你没关系的。

吴响说，过去的事，提它干啥？很随意地问，买电视了？

黄老大有些兴奋，但又不想让吴响看出来，别别扭扭地说，一台旧电视，和我一样的毛病，动不动就喘。

吴响说，黄宝也真抠门儿，买一回为啥不买新的？新的也没几个钱。

黄老大说，有个看的就行了。

吴响低声问，那钱全拿到手了吧？

吴响问得突然，黄老大措手不及，慌了慌，一副要说又不情愿的样子。

吴响笑笑，我不是找你借钱的，再说钱也不是你的，那是黄宝的嘛。

黄老大终于吐出三个字，到手了。

吴响问，八万块一分没少？

黄老大惊愕地看吴响一眼，马上躲开。

吴响说，这有啥怕的，谁不知道？我是怕黄宝吃亏，这个钱不像别的，不能拖欠。

黄老大不好意思地说，毛乡长说话倒是算数，只是……这事不好听，说来是拿黄宝媳妇换的。

　　吴响的心被刺了一锥子似的，脸变得极其难看。

　　黄老大不解地看着吴响。

　　吴响说，人死了，他们应该赔，这头牛你可得喂好。

　　黄老大忙不迭地答应，那是，那是。

　　吴响套问尹小梅的死因，黄老大却说不上来。他说尹小梅身子骨挺差，但没听说她有什么病，平时也很少吃药。人就是这么不结实，说没就没了。黄老大回忆那天凌晨的过程，他和黄宝到了乡里，听说尹小梅已经送到医院。他急着把牛牵回来，就没随黄宝去。他觉得占了便宜，因为没人让他交罚款。黄老大后悔地说，要是知道黄宝媳妇病得那么重，他说什么也要去看看。吴响不怀疑黄老大的难过，黄老大不是会演戏的人。可他的难过能持续多久？一个喷嚏、一口唾沫的工夫。如果尹小梅不死，那头奶牛不会归黄老大，黄老大也不会得到一台彩电。这笔硬账足以抹掉黄老大那点儿难过。黄老大算没算过？吴响不好推测，黄老大不会再想那件事，则可以肯定。

　　尹小梅是怎么死的？有四个人肯定最清楚不过：毛文明、焦所长、独眼周和黄宝。吴响不敢贸然找前三个人，但可以找黄宝。黄宝承了他娘的性子，很精明，毛文明就是想瞒也瞒不住。吴响从黄老大嘴里得知，黄宝辞掉水泥厂的活儿，在县城开了个小店。黄宝封了家里的门窗，显然是不再回北滩了。

　　毛文明给吴响买的新摩托就是管用，百十里的路，没用两个小时。在县城找黄宝却费了一番周折。黄老大不清楚黄宝开什么样的店铺，吴响一家一家地转，晌午时候才找到。黄宝开了个果品店，店不大，二十几平方米，货种倒很丰富，干果、水果，有的吴响叫不出名字。八万块钱撑起了黄宝的腰。过去黄宝再精，也得靠卖苦力挣钱。店名叫方圆，吴响琢磨不出这个店名有什么含义，至少，与尹小梅无关。

黄宝正给一位妇女称瓜子。黄宝剪去了长发，显得很精神，脸上是买卖人常有的那种虚浮的笑。你买点儿啥？认出是吴响，突然间，他的目光跳了一下，笑意稀里哗啦洒到地上。

那位大鼻子妇女叫，你的秤准不准，一斤就这么点儿？

黄宝说，大姐，看你说的，少一两，我赔你一斤。

可黄宝的神色实在让人起疑，大鼻子妇女不甘地掂了掂。黄宝抓了一大把，大姐，算我送你的。妇女却忽然不买了，说没装钱。显然，她不信任黄宝了。

吴响问，生意怎么样？

黄宝说，刚开，看不出来，买卖不好做，见谁都装孙子。黄宝已镇定下来，表情冷淡。吴响还记得那天黄宝悲愤交加的样子，现在一点儿痕迹也没了。黄宝眼里的敌意不是仇视，吴响虽是粗人，还是觉得出来，那是对吴响的防范。黄宝肯定猜出吴响不是无缘无故来的。

吴响问黄宝没个坐的地方。黄宝拽把凳子丢给他。吴响掏出烟给黄宝，黄宝摆摆手，掏出烟，自己点上。

吴响说，我早就想来看看你。

黄宝无言。

吴响说，那件事我很难过，一直想找你说说。今儿就是向你赔罪，你有火就发，哥这张脸由你糊，你就是撕下来卷了烟抽，我也不吭一声。

黄宝的手抖了抖，轻声说，过去的事别再提了，和你也没啥关系。

吴响叹口气，干那个破差事，得罪了不少人，可我也得挣钱哪。别人养活一家，我不能连自个儿也养活不了。要是有你这么个摊子，谁还干它？

黄宝问，你骑摩托来的？显然，他不愿提及自己的果品店。

吴响点点头，一年多少租金？

黄宝说，一万，借了点儿，自个儿贴了点儿，总卖苦力也不是办法。

黄宝藏得严严实实，一个洞也不想露给吴响。吴响憋不住了，黄宝得了八万块钱已不是秘密，还有什么藏头？于是径直问，乡里答应的钱还没到手？

黄宝顿了顿，缓缓地摇摇头。

吴响说，去告他呀。

黄宝冷笑，告谁？

吴响说，告乡政府，告毛文明，你一告，他们就乖乖给你钱了。

黄宝说，我不想惹这个麻烦。

吴响说，尹小梅的死和他们有关。

黄宝纠正吴响，她犯了心脏病。

吴响说，不对吧，你到乡里的时候，尹小梅已经不行了，你怎么肯定她犯了心脏病？是毛文明告诉你的，还是独眼周告诉你的？尹小梅有心脏病吗？

黄宝噌地站起来，青着脸说，你什么意思？审问也轮不着你。

吴响说，我没别的意思，就是想弄清楚尹小梅怎么死的。

黄宝几乎吼了，你掂清了，她是我媳妇！

吴响反而笑了，所以我才来问你，你看过尹小梅了，肯定知道她怎么死的。

黄宝问，你跑这么远，就为问这个？这和你有啥关系？你不要欺负人，捅人伤疤自个儿取乐。我知道你厉害，没人敢惹。这儿可不是北滩，我不怕你。

吴响说，我没让你怕我，我只想知道真相。

黄宝说，她犯了心脏病，信不信由你。

吴响说，你撒谎，你肯定撒谎了，你的眼睛都是蓝的。

黄宝怒道，你出去，别影响我做生意。

五

黄宝像个木头疙瘩，吴响啃了半天，什么也没啃上。他不仅不肯说出尹小梅怎么死的，连那八万块钱也不肯承认。他不敢讲尹小梅的死因，他一定保证过。看得出，他得了钱，心里并不轻松。或者说，他本来轻松了，吴响提起，他又压了块石头。黄宝的严加防范没让吴响放弃，相反，越发揪紧了吴响。那感觉是痛中夹着痒，痒中又掺着痛，极其难受。吴响不信撬不开黄宝的嘴巴，他的嘴就是铁水浇铸的，也有漏缝儿的地方。

吴响在一个小吃摊停下来，要了一盘猪头肉，四个羊蹄，一盘花生米，一碟辣椒，一瓶白酒。摊主乐坏了，颤着肥胖的红脸恭维，一瞧您就是条汉子。吴响笑笑。和黄宝磨嘴皮子那阵儿，肚子就提抗议了。吴响边吃边瞅着街上的行人。他很少到县城。他喜欢待在乡村。一个男人，尤其像他这样的光棍儿，有酒有女人就足够了。县城好是好，可在这儿，谁能认得他吴响？行人的目光从吴响脸上溜过，没有丝毫停顿，在他们眼里，吴响和一块砖头、和油腻腻的桌子没什么区别。终于有一位中年妇女多看吴响一眼，吴响感激地冲她一笑。那妇女受了惊吓似的，突然加快步子，走过去了，又回了回头，表情已是相当厌恶了。吴响的情绪顿时糟糕透了，觉得自己坐在这儿实在愚蠢。尹小梅已经死了，知道她的死因又有什么用？黄宝不愿提，黄老大不愿提，毛文明肯定更不愿提，他干吗要翻出来自找没趣？没人说吴响的不是，吴响犯不着折腾。这个时候，他应该躺在家里睡大觉，夜里找相好的痛快一番。他妈的，自己和自己过不去。吴响抓起酒瓶子猛灌，决定喝完就回家。

摊主劝，兄弟，你骑摩托可不能这么喝酒。吴响说我不会少给你钱。摊主说，兄弟，我是为你好，你非这么喝，我可报警了。吴响迟疑，摊主趁机把酒瓶盖住，留着下次喝，我送你一碗面。兄弟，遇事想开些，瞧我，头天离婚，第二天就娶一个。只要别把自己搞垮，这年头要啥有啥。

吴响脱口道，我要一个尹小梅，你搞得来？摊主怔了怔，尹小梅？是个女人吧？我搞不来尹小梅，但能搞来张小梅、刘小梅，这有什么区别？

吴响打断他，别啰唆，算账！

摊主乐颠颠地说，我眼力不错，兄弟够汉子。

吴响问附近有没有小店，摊主往巷子里一指，八九家呢，随你挑。

吴响把那半瓶酒揣进怀里，找了个旅店住下。不能这么回去，还得找黄宝。摊主劝吴响得想开，吴响反想不开了。一个鲜活的人瞬间就没了，他怎么想得开？事情是过去了，也没人责罚吴响，就算有人提起，吴响也能推得干干净净，正因为这样，吴响就更为不安。尹小梅的死毕竟和他有关系，他为什么不能知道真相？他一定要弄清楚。

吴响睡了一会儿，被吵闹声惊醒。坐起来，看见对面床上躺着个破提包，想必是他睡觉时又住进一个。吴响正要出去，一个男人神色诡秘地探进头，问吴响醒了，可惜把好戏误了。男人的嘴唇又宽又扁，似乎和鸭子有血缘关系。吴响一头雾水。鸭嘴问吴响是不是要出去，咬在吴响屁股后面说他暂时歇歇脚，不打算住。吴响没理他，这家伙肯定吃错药了，他住不住与吴响有什么相干？

黄宝靠在门口，两手抱着一个钢化塑料杯。杯里泡着厚厚一层茶叶和金莲花。他盯着水杯，仿佛水底藏着鱼。吴响咳嗽一声，黄宝抬起头，稍稍有些慌乱。吴响说，我又来啦。黄宝静静地看着吴响，慢慢将慌乱抹去，伸长腿，有意阻挡吴响进去。

吴响左右看看，忽然笑了，其实外面比屋里好，别看到处是人，可谁也不认识谁，和野摊没啥区别。

黄宝的表情动了动，却不想就范，依然保持那个冰冷的姿势。一个行人在摊前停了停，黄宝赶紧迎上去。黄宝返回，径直进屋。吴响发现黄宝的腿似乎有点儿瘸。

黄宝把凳子重重地搁在地上，粗声粗气地问，你究竟要怎样？

吴响说，咱俩好歹一个村的，就算你现在是老板，也不能这么瞧不起人吧。

黄宝说，你影响我做生意了。

吴响说，屁股上的泥点子还没揩干净，就一口一个生意，钱就这么当紧?

黄宝敌视地瞅着吴响,这话该问你自己。

吴响说,我的钱来路正当。

黄宝马上敏感地问,谁的钱来路不正当?

吴响怕搞僵,打哈哈,那些贪污犯哪!毛乡长说前几天又判了个死刑,咱们没这资格。

黄宝问吴响喝水不。

吴响说当然喝了,最好把你的茶叶给我泡点儿,别加金莲花,草场到处是那玩意儿。你说草场看得那么严,城里人从哪儿搞到的?

黄宝端杯的手抖了抖,水晃出来,手背顿时湿了。

吴响说,哎哟,可别烫着。

黄宝和吴响隔开距离,道,别绕弯子了,你到底要干什么?

吴响笑笑,我想请你吃饭,今天晚上,怎样?

黄宝说,我没空儿。

吴响说,不着急,你什么时候关门咱什么时候去。你晚上没约会吧?

黄宝皱皱眉,干吗不在这儿说?

吴响说,我住下了,咱哥儿俩好好聊聊。

黄宝无法摆脱吴响,又不能彻底翻脸,鼻子几乎错位。吴响清楚黄宝不好受,他恶意地想,谁让你把尹小梅忘掉了呢。吴响固执地认为黄宝已经把尹小梅忘了,黄宝的眼里没有悲痛和哀伤,至少不是吴响想象中的。

黄宝早早收了摊。旁边有个饭馆,黄宝不乐意去,而是选了车站对面的爆肚馆。黄宝的心思曲曲折折的。俩人面对面坐了,黄宝脸色活络了点儿，说这顿饭他做东。吴响说不，这次是我提出来的，下次你来。黄宝眼里划过一丝阴影，吴响装没看见。

吴响说咱俩还没喝过酒吧，今儿放开喝。黄宝喝酒绝不是吴响的对手，吴响想灌醉他。酒后吐真言，吴响非得从他肚里掏点儿东西。吴响说还是县城好啊，要啥有啥，不像三结巴酒馆，就点儿头蹄杂碎。不过，在三结巴那儿喝酒能听戏。黄宝问，什么戏？吴响说，听三结巴和女人吵架啊。我在外边喝，他俩在里面吵。三结巴女人也有点儿结巴，那次最好玩，三结巴女人骂三结巴，脑袋像……裤……裤……怎么也骂不出裤裆。三结巴急了，回骂，你才是……裤……裤……三结巴比女人反应快，拍着腿说，这儿！这儿！

黄宝笑了，但依然保持警惕，一再强调自己喝不了酒，每次只抿一小口。吴响两瓶啤酒光了，黄宝仅喝下小半瓶。吴响说，这么不给面子？黄宝愁眉苦脸地说，我喝酒跟喝毒药差不多，实在咽不下去。吴响说，哪有爷们儿喝不了酒的？来，我帮你。抓起酒杯端到黄宝嘴边，几乎是灌了。黄宝往旁边一拨，酒杯摔在地上。

黄宝恼火地说，你怎么灌我？

吴响的喉结动了动，挤出点儿笑，我脾气急。

服务员换了个新酒杯。吴响说，你不想喝算了。

黄宝放缓语气，你也少喝点儿。

吴响问，这么长的夜，你怎么打发？一个人的日子难过啊。

黄宝目光迷离，扑闪着阵阵雾气。

吴响压低声音，我知道你不好过。这么多年的夫妻，最后一面也没见上，放在谁头上也受不了。好端端的一个人……她怎么就……唉！

黄宝倒了杯酒，一饮而尽。

吴响趁机问，她怎么死的，说说……别一个人憋着。

黄宝呆滞地瞪着吴响，那话就在嘴边了，吴响伸手就能接住，可黄宝突地一拧脖子，我都说过了，你别再问我。

吴响乞求，兄弟，你告诉我好不？我没别的意思，就是想知道。

黄宝冷冷道，我说的你不信，我编不出来。

吴响想抓黄宝的手，黄宝缩回去了。吴响问，毛文明不让你说？

黄宝霍地站起来，别乱扯好不好？你没资格审问我。

吴响呆了呆，脸上就现出寒气，我不信你敢走出这个门。黄宝，别把自个儿当回事，逼急了，有你难堪的。

黄宝问，你要怎样？他用愠怒掩饰着胆怯。

俩人僵持着。

吴响摆摆手，算了算了，你走吧。

吴响带着醉态回到旅店，没把黄宝灌醉，倒把自己灌晕了。黄宝难对付啊，吴响恨不得砸他几拳。

对面床上的黑提包不见了，吴响的半瓶酒也没了影儿。吴响躺了躺，鸭嘴又贼兮兮地进来，从提包拿出半瓶酒，正是吴响的。鸭嘴解释，他收拾东西不小心装进去的，发现就赶紧送回来，本来他已经退床，现在还得住一宿。吴响说，半瓶酒还值得送？鸭嘴正了脸色，东西再小，不是自己的，也不能乱拿。

吴响不想说话，可鸭嘴很饶舌，几乎问到吴响三代以上的事。说一会儿，鸭嘴探出头听听，很神秘的样子。吴响猜不出他干啥。过了约半个小时，外边传来嘈杂的声音。鸭嘴兴奋地说，又一对野鸳鸯撞枪上了。他拍拍吴响，喊吴响出去喝酒。吴响说喝不动了。鸭嘴出去拎了颗羊头，说，你的酒，我的菜，咱俩就在这儿喝。难得一个陌生人如此热情，吴响坐起来陪他。

鸭嘴酒量并不大，二两酒下肚，烧得耳朵都红了，话也越发多了。他问了吴响一年挣多少钱，说不行啊老弟，你得想法子，这个社会遍地是钱，就看你会不会捡了。鸭嘴把自己的底儿亮出来，吴响听出意思了。

鸭嘴是线人，专盯嫖娼。他不是盯小姐，小姐在豪华宾馆，他进不去，只盯那些三四十岁的妇女。她们专在车站拉客，要价也低，谈成就到附近小店开房。鸭嘴打个电话，公安迅速出击，便能现场抓获。公安按罚款的百分之二十给鸭嘴提成。下午鸭嘴举报了一下，已经领到手八百。本来鸭嘴准备回去了，又撞上一对野鸳鸯。鸭嘴咬着舌头说，今天太走运了。

若不是发现那对野鸳鸯，鸭嘴就把吴响的酒顺手牵羊了。鸭嘴太得意了，说漏了嘴。吴响没想到县城还有这号人，真是林子大了啥鸟都有。他那么想让黄宝酒后吐真言都白费劲儿，他提个头儿，鸭嘴全吐了出来。鸭嘴说，咱俩有缘分，我教给你条经验，你领相好的过夜，就去住宾馆，可别心疼钱住这种小店，让公安查住，拿不出结婚证就算嫖，罚你没商量。吴响说，这么厉害呀。鸭嘴说，那当然，我再交个实底，我举报的多是偷情的，就算他们不开房，在家，我知道一样报。

吴响对鸭嘴厌恶到嗓子眼儿了。如果他知道吴响和徐娥子的事，恐怕吴响被罚得下辈子也翻不起身。吴响在黄宝那儿窝了一肚子火，正没地方发泄呢。他一拳打过去，骂，滚，少烦老子！

鸭嘴被吴响打蒙，脖子起伏着，不知还有多少话想蹿出来。他说，你醉了吧？我是你的朋友。吴响骂，谁他妈醉了，老子打的就是你，交你这号朋友，下辈子连条长虫都转不了。鸭嘴紧张地退到门口，我去派出所告你，逃了。

吴响挥挥拳头，兀自笑了。这一闹，酒意全无。吴响担心鸭嘴算后账，那家伙毕竟是线人，和公安套得上关系。于是退了房，连夜赶回。

第二天，吴响还睡着，村主任就上门了，身后是阴着脸的毛文明。吴响以为草场出了问题，忙问，逮住了？毛文明对村主任说，你忙吧，我和老吴谈谈。吴响听毛文明语气不对，做了挨训的准备。毛文明眯着小眼，使目光有了更坚硬的力度。吴响有些心虚，他没完成毛文明交代的任务。

过了好久，毛文明声音空空地问，听说你调查黄宝女人的事？

吴响吃了一惊，毛文明这么快就知道了？随即说，我随便问问。

毛文明生气地说，你是护坡员，不安心看草场，瞎跑啥？你咋就有这么大兴趣，那女人和你有屁关系！想知道啥，问我好了。

吴响不敢和毛文明硬碰，又不甘心彻底投降，毛文明如此迅速地上门，足以说明他的重视与心虚。吴响笑笑，柔软的话里夹了几根硬刺，我没别的意思，就是觉得奇怪，尹小梅死了，好多人都怕提她。死人有啥可怕的？还能从土里钻出来咬一口？

毛文明说，这有啥奇怪的？说句难听的，摊在你身上，你愿意别人抓你的伤口？

吴响说，那是。

毛文明说，那件事乡里已做了妥善处理，作为死者家属，黄宝没有任何异议。已经过去这么长时间，你冒冒失失提起来，不是有别的用心吧？

吴响检讨，我吃饱了撑的。

毛文明说，老吴，我是代表乡政府和你谈，你可别做傻事啊。已经是警告了。

吴响保证，再不多嘴了。

六

吴响对毛文明毕恭毕敬的。他清楚自己是鸡蛋，毛文明是坚硬的石头。可他并没有被毛文明的话压住，那些话在耳旁停了停，羽毛一样飘走了。心中的疑团也越发重了。越怕他知道，他越是想知道。其实知道了又怎样呢？在北滩，吴响算一号人物，出了北滩，他就是一只蝌蚪，掀不起任何风浪。

吴响沿着草场转了一圈，没发现人，也没发现牲畜。他把摩托放倒，躺在一处芨芨丛旁。吴响敞开口袋，等别人往里钻。那天，他就是这样把尹小梅套进去的。现在，他没有明确的目标，谁钻进去，他都要把口子系住。尹小梅出事后，吴响没再设这种套子。他不是想玩儿这种游戏，他得向毛文明交差。他想让毛文明相信，他没有失职，一直在按毛文明的要求做。毛文明不怀疑他，他就有机会搞清尹小梅的死因。

天蓝得没一丝杂质，仿佛过滤了。阳光盖下来，有股咸咸的味道。尹小梅喜欢在阳光很好的日子洗衣服。天还是这样的天，日光还是这样的日光，尹小梅再也洗不成衣服了。吴响没有成心害她，他怎么会呢？他是那么喜欢她。至今，他也说不出喜欢她什么，可就是喜欢。尹小梅嫁到北滩那天，吴响喝过她的喜酒。那种场合当然少不了吴响，吴响只是喝酒，他的身份、岁数都不允许他要什么花样。尹小梅和黄宝过来敬酒，吴响很随意地瞟她一眼。不知为什么，尹小梅慌了一下，躲着他的目光，不再触碰。尹小梅的神态攫住吴响，吴响突然就喜欢上了她。那种感觉很要命，吴响搞过那么多女人，从来没有那么挠心、蚀骨。尹小梅像一只蝴蝶，在他眼前飞来飞去，却怎么也捕不到。是他费尽心机的捕捉，让她撞进了一张丢掉性命的大网。

　　脸湿漉漉的，吴响抹了抹，举起手指端详。他不相信这是自己的泪，他从来不会流泪。当然，如果往前追溯，吴响还是有过一次不光彩的流泪经历。忘了是什么时候，家里突然来了两个陌生人，一个鼠眼，一个疤脸。他们要把母亲带走，那个鼠眼竟然是母亲第一个男人。吴响的父亲，生产队脾气最暴躁的车倌提着菜刀横在门口，做出拼命的架势。疤脸夺过父亲的菜刀，让母亲选择。母亲几乎没有任何犹豫地选了鼠眼，父亲的头颓然垂下。吴响明白母亲要离他而去，抱着母亲哇哇大哭。母亲咬着吴响的耳朵说她还会回来。鼠眼和疤脸到底把母亲带走了。吴响依然号哭，父亲恶狠狠扇他一巴掌，吴响的眼泪戛然而止。母亲从此音讯全无，他的眼泪像母亲一样不再露面。吴响没有眼泪，北滩的村民都可以做证。没了母亲，父亲更加暴戾无常，村里来了要饭的、流浪的艺人，只要是女人，不管是聋的瞎的老的少的，父亲都要领回过夜。那种时候，父亲就把吴响撵出去。吴响缩在窗户底下，听着父亲雷一样的吼叫。吴响一滴眼泪也没掉过。父亲死得很惨，那次喝醉酒，他从车上栽下来，三匹马把他拖了二十多里。他习惯把缰绳缠在手腕上。被人发现，父亲半个脑袋和半个身子已经磨没了，露出白森森的骨头。可是，吴响没有流泪，他抽动得嘴巴都歪了，眼睛依然干涸。

怎么就流泪了呢？吴响觉得奇怪，再抹，又没了。他合上眼，尹小梅突然跳出来。她脸上没有一丝娇羞，生硬如铁，目光冒着水汽，也是硬邦邦的。一绺头发垂下来，在眉角拐了个弯儿，贴在鼻翼一侧。

吴响哆嗦了一下，猛地坐起来。

日光白得晃眼，吴响还是看清了钻进草场的两个人。一个是王虎女人，一个是黄老大。黄老大拔腿想跑，见王虎女人靠近吴响，他也迟迟疑疑跟过来。

王虎女人提着筐，筐里是刚挖的药材，老远就冲吴响挤上眼睛了。吴响没想到装进袋里的是这两个，一个比一个难缠。吴响沉下脸，斥责，狗改不了吃屎。王虎女人笑嘻嘻地说，早就等上了吧。吴响厉声道，别跟我套近乎，公事公办。王虎女人撇撇嘴，你有啥公事？还不是裤裆里的那点儿破事。手已伸向腰带，她一解，吴响就拿她没奈何了。亏得黄老大过来，她才没下一步动作。黄老大神色慌张，喉咙里拉锯一样。吴响问，袋子里装的是啥？黄老大几乎没了声音，草。黄老大挺狡猾，没把牛牵进来，而是割了草喂。吴响说，你这是和政策对抗啊。黄老大的腿软下去，腰更弓了，脸上泛出黑呛呛的颜色。吴响怕他倒下，忙说，你走吧，下次不能这样啊。黄老大哎哎着，吴响，我正要找你呢。吴响问，找我干啥？黄老大看看王虎女人，又看看吴响，王虎女人马上道，我先走了。吴响大声道，你站住！王虎女人嘟囔，我还不清楚你肚里那点儿货色。她让黄老大走，黄老大坚持要和吴响说事。黄老大很固执，吴响只得让王虎女人走。王虎女人嬉笑道，这可不怨我，是你让我走的。

吴响看着黄老大，什么事？

黄老大的眼和鼻子几乎抽到一条线了，吴响，黄宝没得了八万块钱。

吴响愣住，黄老大要把吐出来的东西吃回去。他问，得了多少？

黄老大摇头，没有，一分没有。

吴响冷笑，那你是胡说了。

黄老大说，我糊涂得白天黑夜都分不清了。

吴响突然问，黄宝几时回来过？

黄老大慌忙摇头，他……没回啊。

吴响说，算了吧，以为我眼睛瞎了？这是他教你的，对不对？

黄老大可怜巴巴地说，我是个糊涂虫。

吴响毫不客气地说，你不糊涂，糊涂的是黄宝。

黄老大说，乡里没给他八万块钱啊。

吴响说，行了行了，给不给钱与我无关，你不赶紧走，就把你送到乡里。黄老大这才慌慌地离开。

吴响望着黄老大的背影想，黄宝给黄老大嘴巴上锁了。其实这已经不是秘密，黄宝并不是怕别人知道那笔钱，而是怕人知道钱背后的事。

吴响原打算歇几天再调查，现在等不及了。

傍晚时分，吴响打着嗝敲开独眼周的门。独眼周最擅长治打嗝，村主任得了打嗝病，用了好几个偏方都没效果，最后找独眼周，独眼周两耳刮就打好了。独眼周虽然一只眼睛，亮度却强过常人的两倍。他堵在门口，炯炯地盯着吴响。吴响说，周……嗝……院……嗝……独眼周明白了，摸摸吴响的头，突然扇了一巴掌。吴响的脖子火辣辣的，暗想，独眼周倒像打铁的出身，若套不出他的话，这一巴掌就白挨了。吴响抻了抻，周……院长。独眼周迅速抽回手。吴响扭扭脖子，讨好地说，周院长，你真是神了。独眼周傲然道，我治这种病，没超过两巴掌的……我好像见过你？吴响说，周院长好眼力，我是北滩的。独眼周点点头，想起来了。

吴响给钱，独眼周不收。吴响说那咋行，干脆我请你吃饭得了。独眼周说我今儿值班。吴响说我买回来，在值班室……有意停了一下。独眼周说，改天吧。吴响听出他口气松了，说我去去就来。

吴响买了两瓶好酒，一只熏兔，两只切好的猪耳朵，一瓶鱼罐头。独眼周已经把桌子腾开。独眼周嗜酒，喝了酒，胆子就出奇的大，什么样的病人求到他都敢下手。据说独眼周曾要锯掉一个罗锅背上的肉疙瘩，让罗锅变得像木板一样直，罗锅家人不接受独眼周的治疗方案，只好作罢。吴响走这着棋，就是冲独眼周的大胆来的。

开始，吴响百般恭维独眼周，说上次在县里住店，听说他是营盘的，同屋的马上问你们那儿是不是有个姓周的医生特厉害，瞧瞧，周院长名气有多大吧。独眼周先前还谦虚，后来瘪了的那只眼都隐隐地发亮，嘴巴关不住了。治病治病，一半是医术，一半是胆量，医术总是有限的，多高的医术也超不过病。世上的病千奇百怪，好些甭说没见过，听都没听过，咋办？靠胆量。治好一个没人说你凭了胆量，只夸你医术高。治死了呢也不要紧，反正他总要死的，治也是死不治也是死。姚家庄有个女人，肚里长个瘤子，在大医院转遍了，都说没必要治了，连三个月也活不出去。后来我给她做了手术，反正有用的就留下，没用的就割掉。医生不但要给自个儿壮胆子，还得给病人壮胆子，不然，她哪能活两年？还有东坡一个男人，摔断腿非要跑县里去接，接是接好了，可钢钉锈住了，谁也不敢取。要不是我，钢钉还在他骨头里长着呢。我靠啥？胆量。医院的器械根本用不上，我从街上修车铺借来家伙，没费劲儿就搞出来了。

吴响频频点头，佩服得要趴下了。他不清楚哪件是真的，哪件是假的，任由独眼周吹嘘。独眼周绝口不提败走麦城的事，去年他就吃过一场官司。

喝到八九成时，吴响截住独眼周的话，难怪别的乡卫生院都塌了，就咱们乡好好的，全凭周院长了。

独眼周说，我有多大劲儿使多大劲儿。

吴响遗憾，周院长要是自己干，早就发了。

独眼周说，这倒不假，可医院十多个职工，都指着我吃饭呢。

吴响说，你们凭脑瓜子吃饭，咋都容易，我们靠力气挣钱就难多了。

独眼周姿态很高地说，一样的，分工不同嘛，当年我还背过砖呢。

吴响说，咋会一样？卖力气永远挣不了大钱，除非像黄宝那样。

独眼周说，死女人那个吧？那钱……咳，谁挣那个钱啊。

吴响附和，这倒是，不过，乡里赔偿也不能不要，农村人多少年才能挣到？

独眼周笑笑，老弟，心思可不能歪了。

吴响正色道，周院长，我可没把你当外人啊。

独眼周点点头，那女人是旺夫命，死了也不忘给男人挣一把。

吴响说，周院长还记得那天的事吧，黄宝好像疯了，没过两天他啥事都没了，这会儿在县城开了个店，成了小老板。谁死谁可怜，亏得她死在乡政府，要是死在医院，黄宝肯定得不到那么多赔偿。

独眼周那只眼终于模糊了，要是在医院，我还能让她死了？就是早送来半个小时，也不至于……忽然停住，谁说她死在乡里了？目光又有了亮度。

吴响嘿嘿笑，表情暧昧。

独眼周说，兄弟，这话可不能乱说。

吴响诓他，我不光清楚她死在哪儿，还清楚她怎么死的。

独眼周果然上钩，你说她怎么死的？

吴响说，周院长想考我？

独眼周警觉地说，你是想套我的话吧，看不出，你还长了几根弯弯肠子。

吴响没料到独眼周一眼识破他的阴谋，赶紧给独眼周倒酒，激他，我以为周院长的胆子有脸盆大，原来也就一只核桃。全乡都传遍了，你还不敢说。

独眼周比刚才还清醒，谣传不当真，说塌天都没事，我讲一个字都要负责的。你请我喝酒，也是这个目的吧？

吴响老老实实地说，周院长眼睛真厉害。

独眼周自诩，我一只眼顶别人三只眼。

吴响问，你不敢说？

独眼周很滑地说，怎么不敢？她是突发心脏病，我在死亡证明上签了字的。你问这些干吗？想和黄宝分一股？黄宝能答应？

吴响耐着性子，我只是想知道她是怎么死的。

独眼周打着哈哈，心不跳动，人就死了，这么简单的常识，你还不懂？独眼周彻底把话封死了。

这顿酒钱算白花了，还被他捆了一巴掌。吴响心底呼呼冒火，还是赔出笑脸说，我随便问问，没别的意思。想求独眼周别告诉毛文明，最后意识到那是很愚蠢的，于是再次笑笑。

七

吴响想徐娥子了。遇到不痛快，吴响就找徐娥子放松。和她在一起，吴响很随便。徐娥子对什么都满不在乎，这是吴响最看重的地方。别的女人只让他一个地方痛快，只痛快那么一会儿，徐娥子让他里里外外痛快。所以，俩人的关系没有断过。

吴响从来不把女人往家里领，或者直接去找，或者在野外。有一次，徐娥子使性子，说吴响不领她去就别碰她。吴响坚决不同意。徐娥子问为什么，她不是非去不可，只是奇怪。吴响说没理由，不行就是不行。吴响忘不了父亲把女人领到家里的事，那些回忆肮脏而惨痛，吴响绝不那么做，也绝不把屈辱说出去。如果吴响一门心思娶个女人，也不成问题。他并没有穷得揭不开锅。吴响不娶，也是因为少年的伤痛。女人拴不住，万一她离开呢？他的担心似乎很可笑，却是千真万确。和别的女人保持关系，不用担心哪个女人突然从身边跑掉，总有替补的。

迎头碰见三结巴。三结巴在脸颊上比画着，他酱了几个特大的猪耳朵。三结巴说不出话，就用手比画。吴响拐到酒馆，要了五个猪耳朵，一瓶酒。三结巴挺高兴，当然，他再怎么高兴，也不会忘了让吴响签字。每年年底，吴响会把一年的账全部结清。三结巴心中有数，吴响赊多少都不怕。刚上车，又被黄老大腻上了。黄老大已经是第四次找吴响了，反反复复就那句话，黄宝没得八万块钱。吴响对他又烦又怕。吴响说我相信我一百个相信，你就别缠我了。黄老大问，你真信？吴响说，我就是不相信自己是人养的，也相信你。趁黄老大咳嗽的空儿，吴响嗖地射出去。

这一耽误，吴响没赶上徐娥子家的晚饭。徐娥子拉长脸说，你想来就来，想走就走，多好的东西也留不住你，是不是又占了别的地盘子？吴响嘿嘿笑，哪个地盘子也没你的地盘子肥。问清她男人已经去了菜地，吴响的手就不老实了。徐娥子啪地把他打开，急啥？吃饱想跑？吴响说，今儿不走了。徐娥子的眉尖挑起来，呸，邀功请赏？我不领情。她的佯怒搞得吴响越发痒痒，从后边抱住她，咬着耳朵说，我就喜欢你生气，你越生气越好。徐娥子耳根腾地红了，骂，你个驴。吴响说，我不驴你还不喜欢我呢。徐娥子在吴响手背拧了一把，吴响哎呀一声，这就使上劲儿了？

俩人刚解开衣扣，门咣咣响了。吴响问，他回来了？徐娥子摇摇头，不可能。吴响恼火地说，让人讨厌。徐娥子抱怨，我说不能性急吧，天还没黑透呢。俩人快快地穿了衣服，徐娥子打开门。

竟然是村主任，吴响愕然，你怎么找到这儿了？

村主任瞅徐娥子一眼，说，我去哪儿找你呀？

吴响看出村主任的严肃，帽子几乎遮住额头，脸就显得格外突兀。忙问，出了什么事？

村主任说，没啥事，你跟我回村。

吴响把村主任拽到一边，小声问，到底怎么了？

村主任说，让你回你就回，别多问。

吴响望望徐娥子，徐娥子给他使个眼色，让他赶紧走。可吴响心有不甘，诡诡地对村主任说，你先走，我一会儿就回。

村主任生气地说，你脑袋没浑吧，怎么连个轻重缓急也分不出来？

吴响悻悻地说，走就是了，发啥火呀。

路上，吴响又问村主任什么事，村主任阴着脸说回去就知道了。吴响稍有些不安，但并没太往心里去。他没惹出祸端，别的还怕啥？等看见停在村委会的警车，吴响胸腔内扑腾出声音。难道又出了人命案子？

焦所长和一位小个子警察同时站起来。吴响一瞅俩人的架势，明白他们是专等他的。焦所长脸上长着丘陵状的疙瘩，脸本来就黑，村委会灯光暗，他的脸更显黑了。这样一张脸扣上警帽，威严咄咄逼人。吴响故作轻松地笑笑，焦所长来啦？

焦所长粗硬的目光在吴响身上绕着，绕得吴响骨头都紧了。你叫吴响？

吴响心里咯噔一下，答了声是。焦所长应该认识吴响的。

焦所长说，去趟派出所。

吴响问，现……在？

焦所长面无表情，当然现在。

吴响稍一迟疑，还是硬着头皮问，找我有事？

焦所长说，去就知道了。

吴响被带到派出所，已经很晚了。吴响一路忐忑不安，到那儿反镇定了。他除了爱搞个女人，没有别的毛病，更不干杀人偷盗的勾当。他也没强迫哪个女人和他睡觉。焦所长能把他怎样？吴响惋惜没来得及和徐娥子痛快一回，而且还饿着肚子。他暗骂村主任，村主任天生狗鼻子，竟找到徐娥子家。哪怕晚半个小时呢。骂过村主任，又骂三结巴和黄老大，好事生生让他们搅了。

　　那间屋子不大，也就两间房的面积，可因摆设简陋，灯光刷亮刺眼，给人一种异常空旷的感觉。从吴响的长凳到焦所长的椅子似乎有几百米。

　　焦所长的脸在白花花的光亮里泛出冰冷的青色。他审视着吴响，好半天不说一句话。吴响摆出一副无所谓的架势，时间一点点过去，焦所长依然沉默着。吴响的呼吸不再均匀。他掏出烟，想递给焦所长，焦所长突然喝道，你给我坐好！吴响的头皮呼地一麻。

　　审讯开始。吴响已清楚这是审讯了。焦所长问，那个小个子警察记录。焦所长再次问吴响的姓名、年龄、居住地，吴响一一答了。

　　焦所长：七月二日那天你在什么地方？

　　吴响想了想，心中一惊，那天他去县城找黄宝。他没隐瞒，难道找黄宝还犯法了？

　　焦所长：住什么旅店？

　　吴响答了。

　　焦所长：你都干了什么？

　　吴响：没干什么，睡觉。

焦所长：你再想想。

吴响：喝了点儿酒，我就睡了。

焦所长：你什么时候离开旅店的？

吴响犹豫着：第二天。

焦所长：胡说，当天夜里你就离开了。

吴响的表情倏地抽紧，焦所长怎么知道？

焦所长问，你为什么连夜离开？

吴响说，我回去看草场。

焦所长道，胡说！有人举报，你还不坦白。

吴响诧异，举报我？

焦所长问，一个男人是不是和你同住？

吴响说，是。

焦所长问，你给他买酒喝了？你为什么给他买酒？

吴响忙道，那是我喝剩的。

焦所长厉声道，别狡辩！

至此，吴响才明白自己为什么被带到派出所了。那个鸭嘴举报他嫖娼。那一拳让鸭嘴怀恨在心，所以报复吴响。鸭嘴打听吴响的情况，吴响没有丝毫隐瞒，有什么可隐瞒的？没想到让鸭嘴派上了用场。吴响纳闷的是已经过去八九天了，怎么才扯出来？如果鸭嘴举报，也应该是第二天啊。

吴响坚决不承认自己嫖娼。只要他咬紧嘴巴，焦所长就不能把他怎样。焦所长能凭空捏造一份证据吗？鸭嘴举报他嫖娼他就嫖娼了？

焦所长说吴响态度不好，搞对抗，又说吴响记性太差，给点儿时间让吴响想。焦所长和小个子警察离开，空阔的屋子只剩下吴响一人。吴响的心却堵得连一个缝隙也没有。焦所长真的认为他嫖娼了，还是借此紧紧他的骨头？他没得罪过焦所长啊。也许，和他调查尹小梅的死因有关？吴响不由得一哆嗦，如果是那样，事情就麻烦了。

　　第二天，吴响第一个见到的不是焦所长，而是毛文明。没等吴响开口，毛文明便痛惜地说，老吴，你怎么能做出这种事呢？你可不是一般百姓，是乡里雇用的护坡员，按过去的说法，是编外合同，传出去，影响乡里形象啊。吴响急忙辩解，发誓自己没干。毛文明说，没干怎么举报你？要说，这也没啥大不了，不就找点儿乐子吗？你没家没口的。可是，你不能把老底全交了，不然怎知道你是营盘乡的？知道你是北滩的？知道你叫吴响？有一样对不上号也白搭，哎！说啥也是没经验。毛文明语速很快，嘴唇上的酒苔都要撞碎了，吴响急得汗毛孔都龇了牙。好容易截住毛文明的话，吴响重申，毛乡长，我没干，那家伙污蔑我。毛文明顿时显出不快，他为啥不污蔑我？不污蔑别人？他和你又没深仇大恨，干吗要污蔑你？老吴啊，你要不是北滩的护坡员，我才不管呢。我一听到消息，赶紧来看你。你这个样子，好像我诬陷你了。吴响说，毛乡长，我没怪你的意思。毛文明说，这就对了嘛，不能把我当外人，这种事也就罚几个钱，不会把你咋的，我和焦所长说说，尽量少罚点儿。吴响越听越不对，这不是给他定性吗？便用抗议的语气说，我要和举报人对质。毛文明理解地点点头，你可以提，不过，什么事都宜在小范围解决，闹得沸沸扬扬，没好处。

　　终于等到焦所长，吴响提出和鸭嘴对质。焦所长说你是不见棺材不掉泪，那就对质吧。吴响想看看鸭嘴怎么给他泼脏水。半天过去了，没见鸭嘴，焦所长也没了影儿。小个子警察把吴响照顾得很周到，照顾他吃，照顾他拉。吴响问焦所长哪儿去了，小个子警察说焦所长去找那个举报人。吴响问得等到什么时候，小个子警察说，这可说不准，你不是想对质吗，总得找见那个人哪。其实，想快点了结也容易，罚几个钱完事。吴响梗着脖子，我没干，凭什么承认？小个子警察说，不会刑讯逼供，强迫你承认，一定让你心服口服，想赖也赖不掉。吴响愤愤地想，除非你们拔掉我的牙。

又过去一天，焦所长依然没影儿。吴响终于失去了耐性，这么下去，他会疯的。小个子警察态度倒是挺好，问吴响想不想吃包子，他说在办过的案子中吴响享受着最好的待遇。吴响哪里吃得下？吴响生气也罢，发怒也罢，小个子警察就一句话，必须等焦所长回来。吴响实在耗不起了，试探着问，如果罚款，得罚多少？小个子警察瞄他一眼，五千。吴响失声，这么多？小个子警察说，态度端正了，可以象征性地罚点儿。吴响问，象征性是多少？小个子警察说一到两千。吴响咬了牙想，罚就罚吧，说什么也不能在这里待了，就当出门让车撞了，认个倒霉吧。

总算见到了焦所长。吴响在口供上摁了手印，但一下拿不出一千五百块钱。毛文明帮了吴响的忙，把这几个月工资结了。毛文明责备，早知今日，何必当初？吴响说，我确实没干啊。毛文明不客气地说，你没干交什么罚款？吴响被噎得脖子都是硬的。

毛文明让吴响交钥匙，原来他已经把摩托拉了回来。吴响问，不是解雇我吧？毛文明反问，你觉得还能再雇你？毛文明十分冷淡，与说服吴响时大不一样了。吴响问，不能通融了？毛文明摇摇头，我向乡里汇报一下，看以后有没有可能。吴响说不必了。临出门，毛文明意味深长地说，老吴，想开些，可别犯了打嗝病啊。

吴响吸口寒气，什么都明白了。

八

黄昏时分，吴响从他的黄泥小屋出来。他一天没出屋了，仰躺一会儿，侧躺一会儿，或者趴在冰凉的炕席上发一阵儿呆。吴响打算去三结巴酒馆喂喂肚子，不能拿肚子撒气。

突然被解雇，吴响一时难以适应。清闲总是让人发空、发慌。他表面装着不在乎，心里则窝着气。毛文明最后那几句话已经说得很清楚，问题还是出在吴响的调查上。毛文明知道吴响去套独眼周，肯定非常恼火，所以就借那件"案子"教训他。鸭嘴的举报本来是扯不上的，可正好给了毛文明借口。吴响真正生气的还不是丢掉差事，而是背后的缘由。他只是想搞清尹小梅的死因，并没干什么呀。张嘴咬苹果，却崩了牙。吴响不是个服软的人，认定的事就不会放弃，越是阻止他越上瘾。

他需要时间梳理自己的脑袋。

三结巴正和女人吵架，吴响坐下好一会儿，俩人也没露面。话扯不出几句，声音一个比一个高，吵完怕得后半夜。吴响喊了一声，红头涨脸、青筋暴露的三结巴挑帘出来，身后是同样怒容的女人。吴响笑了，吵什么架啊。三结巴猛一抽搐，脸难看得要变形了。吴响大声说，发什么呆，切一盘猪耳朵，我饿透了。三结巴瞄女人一眼，女人丢给三结巴一个冷眼，返身进屋了。三结巴苦巴巴地说，没……猪耳……吴响说，不是冻了好些吗？没猪耳，切猪头、猪肘、猪屁股也行。三结巴说，都……没有……吴响的目光不再柔和，没有开什么饭馆？有什么？有什么上什么！三结巴说，啥……啥……都……没有……吴响瞪着他，明白了几分，气呼呼地说，怕我欠下你的？没钱我卖器官，卖一个吃你三年。三结巴讨好地说，那……当然……吴……响……你结……—……下……账……很利索地从怀里掏出个小本。吴响瞥了瞥，阎王爷还能欠下小鬼的？三结巴说，我……和……她……就……为这……事……三结巴指指里屋。原来俩人吵架是因为吴响。吴响越想越火，丢了差事，难道连饭也吃不起了？他指着三结巴鼻子好一顿损。三结巴并不恼，连一句硬话也没有，就那么稀软地求吴响，一副可怜样儿。吴响闭了嘴。还能把三结巴咋办？可吴响又不肯狼狈离开，恼怒地沉默着。

这时，村主任背着手进来。三结巴像见了救星，想说什么却没说，忙用袖子擦了凳子。村主任便坐在吴响对面。

吴响虎生生地说，你不是告诉我，连护林员也不让我当了吧。

村主任很吝啬地笑笑，好大的火气，不知道的还以为你立功了呢。他让三结巴上酒，说算在他头上，三结巴哎哎着去了。

吴响说，狗眼看人低，我什么时候欠过账？

村主任说，凤凰下了树，鸡也要啄一口，何况你不是凤凰。三结巴也不是故意为难你，你吃了那么厚一沓，搁谁头上也害怕。村里人都知道，你的屁股都罚光了，你想想三结巴什么心情。

吴响一顿，谁说我罚光了？

村主任说，你还有钱？那给三结巴结了呀。

吴响说，欠不下他的。

172

三结巴端上一盘猪耳朵，一盘花生米，四瓶啤酒，还不忘强调，都新……鲜……着呢……吴响暗暗骂娘。

村主任叹口气，你说你，鬼迷心窍了，干吗去那地方找女人。那地方的女人也是你搞的？那不是真东西，是胶皮套，套子就是用来套人的，专套不长眼的。

吴响截住他，我没干，谁说我干了？

村主任摇头，算了吧，罚款你都交了，还不承认。

吴响解释，他实在不想在那鬼地方待了，交罚款是为早点儿出来。说他嫖娼是扯淡的事，他是因为调查尹小梅的死才惹出麻烦的。

村主任显出吃惊状，你调查尹小梅的死因？

吴响说，尹小梅根本不是犯心脏病，去医院前就死了，你该听说过吧？

村主任慌忙摇头。然后不解地问，你调查这干吗？那是黄宝媳妇啊。

吴响说，不干啥，我就是想搞清楚。尹小梅是黄宝媳妇，可她是因为我才弄到乡里的，我问问有什么不对？

村主任突然哎哟一声，随后捂着肚子，问三结巴东西是不是变质了。三结巴慌得失了颜色，要扶村主任。村主任摆摆手，对吴响说他先回了，让吴响一个人喝。

吴响轻轻滑出两个字，泥鳅。

第二天，吴响去县里找黄宝。现在唯有问黄宝了，不管怎样，也要撬开黄宝的嘴巴。没了摩托，只能坐客车。从营盘到县里的车少，错过一辆，等下一辆差不多要三个小时。到了黄宝的店，已经中午了。

黄宝看见吴响的那一刻，像被蜂蛰了，整张脸往一个方向抽。他警惕、敌视着吴响，又不想表现得过于明显，且故意做出轻松的样子，实在别扭。

吴响喜欢黄宝这样。至少在心理上，黄宝是虚的，惧怕吴响。

吴响大声说，兄弟，我又看你来啦。

黄宝往屋里溜一眼，下意识地竖在门口，防止吴响进去。

吴响觉出黄宝神色怪异，顺着黄宝身边的缝隙望去，见一个穿浅紫色半袖衫的女人正炒菜，煤气罐太低，女人蹲在地上。吴响嗬了一声，问，有目标了？

黄宝皱皱眉，别胡说，是我才雇的。

吴响暧昧地笑笑，到底是老板，什么都有人侍候。人活着还是好啊。

黄宝厌烦得脑门卷成卷儿了，低声道，你又来干吗？

吴响戏他，你说我来干啥？

黄宝紧紧嘴巴，对女人说他要和朋友一块儿吃饭。女人抬起头，吴响终于看清她的面目。三十来岁，长相很普通，脸倒还白净。

在饭馆坐下，黄宝说我来吧。吴响不客气地说当然是你来啦，我现在穷得就差卖屁股了。可惜卖屁股没人要，不然我真要当街吃喝。黄宝不接吴响的话，点了三个菜，歪头瞅旁边的食客。

吴响说，有什么看的，脸上又没长钱。

黄宝不情愿地回过头，没有一点儿温度地问，今天有空了？

吴响说，那份差事丢了，以后我天天有空。

黄宝的吃惊倒不像装出来的，怎么会呢？

吴响松松垮垮靠在椅子上，知道为啥丢的吗？因为我问了尹小梅的事，就这么简单。我一问，有人就害怕，就想法子搞我，你说怪不怪？

黄宝躲开吴响的目光，没人怕你。

吴响咄咄逼人地说，错了，怕我的不止一个。噢，你为啥把我找你的事告诉毛文明？是他让你报告的？

黄宝说，我干吗告他？

吴响说，你肯定告诉他了，要不他咋会知道？

黄宝端起杯喝了一口，刚刚露出的慌张消失了，代之的是浅怒和嘲讽，你一来就审我？

吴响停了停，我口气冲是吧？好，我说慢点儿，乡里赔了你多少钱？

黄宝说，我凭什么告诉你？

吴响的口气终于软了，声调里有一丝乞求，你告诉我，黄宝，我就是想知道，我真没别的意思呀。

黄宝骂神经病，声音很低，似乎没打算让吴响听见，可那三个字落在吴响耳边却异常清脆。吴响说，我真神经了，你帮帮我。

黄宝说，我饿了。

吴响说，你是胆小鬼。

黄宝说，我真饿了。

吴响骂，你他妈是胆小鬼。

黄宝低头吃饭，声音很响。

吴响抓起酒瓶往黄宝头上浇去。吴响失去了耐性，想和这个暴发户干一架，他实在憋得太久了。黄宝不肯吃软的，就让他吃拳头。浅黄色的液体顺着黄宝刚刚长起茬的头发流下来，脸上、脖子上、衣服上霎时洇出一大片。服务员和旁边的食客都惊愕地看着。黄宝的脸涨得通红，肌肉抽动着，随时要飞溅起来，可跳了几下，竟然又平静了。他抹一把脸，拿起餐巾纸缓缓擦着。他还笑了笑，仿佛这一浇，让他无比舒坦。

黄宝没被激怒，吴响一时无措。总不能把酒瓶子砸他头上。

黄宝冲服务员喊，再上一瓶。

吴响龇着牙说，黄宝你行啊，修炼成仙了。

黄宝说，谁还不开个玩笑，哪能当真？

吴响逼住他的眼睛，我没开玩笑，我真想把你的脑袋捅个口子。

黄宝的脸颤了颤，又平稳了，我要是得罪了你，随你便。

吴响忽地笑了，怎么会呢？我还打算去你店里上班呢。

黄宝神色平静，吴响还是捕到了他眼中的惊慌。

吴响不是威胁黄宝，吃完饭就去了黄宝的店。吴响用黄宝的茶杯泡了一大杯茶，坐在门口看黄宝卖东西。有时，吴响还和那个女人开句玩笑。女人脸上有一丝不快，因为摸不准吴响和黄宝的关系，也就低头不吭声。黄宝则木着脸。吴响很是痛快，看你能忍耐多久。夜里，吴响住进原先那个小店。如果碰见鸭嘴，吴响非得让他的鸭嘴变成猪嘴。鸭嘴不知在哪个店放套子呢，影儿也没有。

吴响到黄宝店里上了两天班，那个女人不见了。吴响觉出黄宝脸色不对，故意问，她呢？怎么随随便便就不来了？这工钱一定得扣。黄宝突然咆哮，你管得着吗？你算什么东西？吴响明白女人不会再来了。吴响想激怒黄宝，黄宝真的怒火冲天了，吴响反没了脾气。他拍着黄宝的肩，干吗这么大火？不就个干活儿的吗？又不是你的相好。不是你的相好吧？黄宝甩开吴响，青着脸坐下，无赖，你彻底是个无赖。吴响说，这还用你说，北滩谁不知道我是无赖？黄宝痛苦不堪，你干吗缠着我？吴响说，因为你撒谎。黄宝无奈道，你不相信，我也没办法。

吴响的纠缠已经奏效，黄宝被吴响整得焦头烂额。吴响从他疲倦的眼神推断，就算他不是噩梦不断，也睡得不安稳。吴响捋住他的脖子，慢慢往前挤，捋到最后，他的嘴自然就张开了。可一天天过去了，黄宝依然咬得死死的。吴响的情绪坏到顶点，忍不住大骂黄宝。吴响生气，黄宝反又平和了。他说，你真是不讲理，天天吃我的喝我的，还要骂娘，我爹也不敢这样。你是我爷爷！太爷爷！行了吧?！吴响说，屁，想让我入土啊，没门儿！

九

吴响回到了北滩。身上的钱花光了，再住下去就得趴车站。吴响缠着黄宝，吃着黄宝，黄宝硬是没吐出一个有用的字。吴响打算回村弄几个钱，村里还欠着他一笔护林费。还有，吴响馋女人了。一种渗进骨缝的馋。好久没找徐娥子了，尹小梅出事，打乱了吴响和徐娥子的规律与默契，搞得饥一顿饱一顿。

吴响想顺便到林带瞅瞅，就绕了几步路。没发现树木被砍，吴响松了口气。他是快走出林带的时候看见王虎女人的。王虎女人正撅着屁股挖什么东西，大概是药材吧。吴响嗨了一声，王虎女人受了惊吓，险些跌倒，看清是吴响，没好气地说，我以为撞上鬼了呢。吴响用目光摸了她一遍，问，你干吗呢？王虎女人说挖药材。吴响说北滩的药材都挖你们家去了。王虎女人冷冷地说，这又不是草场，你少管，我不挖药材，去哪儿弄钱？不像有些人从棺材缝儿还能抠钱，我没那能耐！王虎女人的话有些奇怪，但吴响没捉摸出味儿来，沉了脸说，树林也归我管。王虎女人说，少来这套，我不吃。吴响想抓她，王虎女人灵猴一般躲开，别碰我！吴响以为王虎女人故意吊他胃口，这个女人很懂得骚，便嬉笑道，两天不见，长刺儿了？王虎女人骂，也不撒泡尿照照，提着筐就走。声音极轻，但穿过密密匝匝的树叶，陡然有了坚硬的力度，狠狠撞了吴响一下。吴响愣住，继而羞恼万分，王虎女人的裤带松得很，谁碰都开，她有什么资格寒碜他？可她就是寒碜他了。

吴响愤愤地骂句脏话。

进屋不久，黄老大和三结巴先后追上门。这俩人让吴响头疼，怎么躲也躲不开，似乎一直在门外嗅着。炕上、桌上积满灰尘，吴响抓着一块破布狠狠地拍，屋内顿时弥漫起呛人的尘雾。黄老大和三结巴躲着吴响的布子，却不肯退出去。

吴响冷着脸，你俩有事？

黄老大和三结巴用眼神商量谁先开口，后又加了动作。吴响示意黄老大先讲。黄老大扭捏着，满脸皱纹绞出一个旋状的疙瘩，方说，吴响，黄宝没得过八万块钱哪。吴响已经对这句话过敏了，不耐烦地挥挥手，我向龙王爷发誓，我相信你，他得不得实在和我没关系。黄老大问，那你找黄宝干吗？吴响反问，谁说我找他了？黄老大一副看透吴响的样子，你能瞒谁啊？吴响不想理他，让三结巴讲。三结巴看着黄老大，想等黄老大离开。黄老大却把脸扭到一边。三结巴冲黄老大做了个厌恶的表情，然后赔着笑，吴……吴……吴响问，带来了吗？三结巴赶忙掏出账本。吴响拿了，瞅都没瞅，一下撕成两半。三结巴急得眼珠要冒血了，你……你……猛地扯住吴响。吴响说我和你说不清，找村主任打这个官司。走出一段，见黄老大没跟上来，低声对三结巴说，你用透明胶先粘了，弄乱我就不认账了，放心，我跑不了。三结巴想了想，认为保存好账本还是重要，不情愿地撇下吴响。

这成啥了？竟混得没法在村里待了。吴响没找村主任，径直去了徐娥子家。

吴响进屋就觉出气氛异样，但没往心里去，也没听懂徐娥子的暗示。两口子都在，男人编筐，徐娥子躺着。徐娥子男人看见吴响，眼神里闪过一丝兴奋、一丝紧张。吴响早已习惯了无视他的存在，只是笑了笑。徐娥子男人借口去菜地，徐娥子张张嘴，似乎阻止男人离开，可男人已经出去了。

吴响关切地问，你没事吧？徐娥子摇摇头，刚才躺在那儿，她慵懒又略带感伤，此时则显得忧心忡忡，还有几分焦灼不安。

吴响再次问，吵架了？

徐娥子说没有。

吴响问，生我的气了？

徐娥子幽怨地盯住吴响，这些日子，你干啥了？吴响说，没干啥，去县城办了点儿事。

徐娥子问，你是不是想和黄宝分钱？

吴响几乎闪断舌头，你说啥？谁这么编派我？

徐娥子说，都这么说，还有假？你往县里跑，是找黄宝吧？我上次一说黄宝得了钱你是不是就动了心思？吴响，听别人这么说，我的心就像掉进茅厕，难过得要死，你咋就这样了？

一股冷飕飕的寒气逼进心口，难怪王虎女人用那副腔调和他说话，说他从棺材缝儿扒钱，原来她们都认为他想和黄宝分一股。吴响问，你也信？

徐娥子问，那你找黄宝干啥？

吴响把他怎么怀疑尹小梅的死，怎么找黄宝的事说了。

徐娥子凄然道，我信你，别人谁信？再说，过去的事你翻搅它干啥？不管她是咋死的，黄宝不追究，你跳腾个啥？搞清了又咋样？你想治谁的罪？就算治了谁的罪，你能把尹小梅救活？你一定是哪股筋抽住了，吴响，可别自个儿往烟囱里撞啊。

吴响说，和你说不清楚。

徐娥子恨铁不成钢地说，你中邪了，你以为你是谁？你走吧，以后甭来了。

吴响板了板脸，忽又笑了，这就要分手啊？我可天天想你，都快想疯了。顺手一拉，把徐娥子拽进怀里。

徐娥子挣扎着，不行，今天真的不行。

徐娥子的不合作反激起吴响的欲望，当然，夹杂了些愤怒。吴响没强迫过别的女人，更没强迫过徐娥子，可今天他管不住自己，他彻底地疯了。

徐娥子急得脸都绿了，快走！……我男人……

吴响已经把徐娥子扑倒，徐娥子气恼而委屈地呀了一声，泪水倾泻而出。她咬住牙，任泪水狂奔。吴响顿住，没想到徐娥子会这样。在这短暂的静默中，门咣地开了。

冲进来好几个人，徐娥子男人、焦所长、小个子警察，还有两个陌生人。

　　吴响的脑袋顿时大了，死死盯住徐娥子。徐娥子羞愧而慌乱，让你……说出两个字便咬住嘴唇，痛怨的目光碰碰吴响，迅速躲开。直到吴响被带走，徐娥子方扭过头。她的眼神彻底乱了，如开得正浓的杏花遭了冰雹，纷纷飘落。她似乎要跳起来，男人死死拖住她。

　　吴响没想到他会再次被推进那个空得让人发慌的屋子。他钻进了别人的套子，就像当初尹小梅钻进他的套子一样。

　　焦所长沉着焦炭一样的脸斥责，狗改不了吃屎，这回捂到炕上了，你还有什么话说？我这个所长好像专为你当的，整天就处理你的事了。吴响垂着头，却没有愧色，鸭嘴说在县城和相好搞也不行，在家里也不行，吴响庆幸自己的活动仅限于乡村，没想到乡村也不行了。哪条法律规定男人不准找相好了？

　　焦所长说，你是死猪不怕开水烫了，还想搞对抗？

　　吴响觉出焦所长话里的火药味浓了，老老实实地说，没有。

　　焦所长说，营盘的治安一直搞不上去，就是你这种人搅的。

　　吴响稍一沉吟，神色变过来，焦所长，我和徐娥子是十几年的相好了，这是周瑜打黄盖，两相情愿，你要是管，在全乡不得抓多少？

　　焦所长厉声道，少跟我滑，徐娥子丈夫不告你，哪怕你好一百年呢，现在他告，派出所就得管。

　　吴响的目光疲软下去，淋湿了似的。徐娥子丈夫早已默认了他和徐娥子，为什么现在突然告发？显然是被人鼓捣的。不管什么原因，只要他告，就没那么简单了。

焦所长冷笑，咋不硬了？还相好呢，徐娥子说你一直纠缠她，不跟你好，你就威胁她。

这不可能！吴响大叫。徐娥子虽然在这个圈套里扮演了角色，但吴响相信她不会乱咬，绝不会！

焦所长问，你是不是想对质？

吴响一顿，他对这两个字心有余悸。就算和徐娥子四目相对，又能有几成胜算？

焦所长说事情已经犯了，抵赖狡辩全没用。如果把吴响送交刑警队，判他个强奸罪也不是没可能。所里也不想让事情搞大，尽量做徐娥子男人工作，吴响给他点儿赔偿，让他放弃上告。两条路任吴响选。

吴响长叹一声。他还有别的选择吗？

第二天，村主任把吴响领出来。村主任把吴响的护林费结清，全部交给派出所。吴响身无分文，账上也无分文，彻底成了光棍儿。账倒也有，那是他欠别人的。村主任知吴响饿着肚子，随吴响走进饭馆。村主任说，你一直催我要钱，亏得没给你，不然去哪搞这笔救命钱？吴响说，啥人啥命。村主任咦了一声，你怎么一点儿不伤心？吴响说，伤心顶个鸟用？要伤心，我能死一百回。村主任感慨，你这号人也少见。说愣不愣，说傻不傻，就是脑袋太拧，还不老实，全栽在女人身上了。女人哪，那可是一股水，流到一个地方就变一个形状，没把握可千万别上。吴响笑笑，与女人无关。我不就是想搞清尹小梅怎么死的吗？我问问有错了？一问就惹祸事，你说怪不怪？村主任显出一丝紧张，可别乱说啊。吴响道，我怎么乱说了，她死得稀里糊涂……你别走，我不说了。村主任又把屁股稳在凳子上，沉默了几分钟，小声说，你知道了又怎样？别人说你想从中分一股。吴响恶声道，谁他妈乱嚼，我撕他的嘴。村主任踢踢吴响，低点儿声，我搞不明白，你到底为啥？吴响想了想，我也不知道，真是说不清。村主任说，你天生是个不安分的主儿，噢，林子你也甭护了。吴响急道，不护林，我吃啥？村主任说，我连你的影儿都逮不住，有你没你还不一个样？吴响说，没饭吃，我就赖在你家。村主任骂，狗日的，一条喂不饱的狼。吴响大声说，再切一盘猪耳朵，反正你也心疼了。

从饭馆出来，吴响说，我不回去了。村主任硬扎扎地看着他，想让我雇轿子？

吴响说，我找黄宝去。他还能回村吗？三结巴不把他嗡嗡死才怪。吴响原打算去找徐娥子，狠狠质问她一番，又觉得没意思。现在，他最想找的是黄宝，黄宝怕，他偏要找。反正他已落魄成这样，更没啥顾忌了。

村主任抓抓帽子，又扣上了。你这根筋算是绷住了，算我白费唾沫，腿是你自己的，爱往哪儿呱嗒往哪儿呱嗒，往坑里掉吧你。

吴响说，还得借我十块钱。

村主任没有好脸色，穷得就剩一张嘴了，还借，我再当两年村主任，这条命也得让你借了去。掏出十块钱，狠狠拍给吴响。那顶帽子终是被他揪下来，那时，他已离开吴响很远了。

十

吴响踩着太阳的余光走进黄宝果品店。他的脸一半红，一半灰。红的那面是衬了霞光，灰的那面是挂了太多的尘土。

吴响没赶上客车，只好截了一辆收猪的三轮。收猪的汉子死活不拉，他说我开车是二把刀，摔了猪我不怕，摔了你我担待不起。你这么高，猪这么矮，也装不到一块儿，警察瞅见以为我贩人呢。吴响抓着汉子胳膊一定要坐，并把那十块钱塞到他兜里。汉子说我没见过你这不要脸的人，上车吧。车上已有一头猪，吴响又随他收了一头。汉子怕猪跑掉，用脏兮兮的网连同吴响一块罩住。吴响说我护着不行吗？汉子说到时护住你自个儿就不错了。三轮车在乡间的路上颠簸，卷起一条飞扬的土龙。吴响蹲在那儿，死死抓着车沿，躲着猪的碰撞，躲着车帮的摔磕，等下车时，汗水和尘土把他裹成了一个泥人儿。

黄宝惊愕的目光在吴响身上扑了几扑，问，怎么弄成这样？

吴响说，给我来一缸子冷水，渴死了。喝下三大杯，吴响的气才匀了点儿，再次用袖子抹了抹脸，涂出一幅劣质地图。

黄宝疑惑着，被抢了？

吴响扑哧一笑，谁抢我？一定瞎眼了。

黄宝问，你怎么来的？

吴响说乘专车，你信不信？

黄宝别扭地笑笑。

吴响大咧咧地坐下，抓起一张旧报纸来回扇着。咱店的生意咋样？吴响的样子狼狈，说话却镇定自若，暗藏机锋。

黄宝说，你来得正好。

轮到吴响发愣了。

黄宝不理吴响，转身打开抽屉，拿出一个纸包。纸包得不严实，从敞开的缝角能清楚地窥见包里的东西，那是钱，摞在一起的钱。黄宝说，我没和你说实话，乡里确实给了我一笔钱，我拿来开这个破店了，就剩了这点儿，这是五千，你先拿着。你也不容易，可我帮不上更多的忙。

吴响的脸慢慢黑了，黑得能滴出墨来。难怪都说吴响想和黄宝分一股，连黄宝也这么认为。他抓起纸包，手微微抖着。

黄宝说，是上午取的，没假。

吴响突地把纸包摔在黄宝头上。纸包松开，钱撒了一地。

黄宝猝不及防，连连后退，你嫌少？

吴响说去你妈的，扑上去擂了黄宝一拳。黄宝也怒了，叫骂着砸了吴响一下。俩人互相扯拽着，在地上翻滚。沿墙的纸箱翻了，瓜子、杏核、杏、桃早就不想在那个地方待了，趁机跑出来，滚得满地都是，几个不安分的桃还跑到了门外。

旁边的人打了110，警察赶来，吴响和黄宝已停了手，互相喘着粗气对视着。衣服撕破了，脸上也挂了彩。

警察要带走吴响，黄宝拦住了，说和吴响是一个村的，俩人发生了点儿误会，没啥事，实在是没啥事。警察瞄一眼垂着头的吴响，说还没事？出了人命就晚了，有纠纷必须通过法律手段解决。黄宝赔着笑，小心翼翼地把警察送走。

俩人沉默了一会儿，然后收拾满地的狼藉。瓜子、杏核已经混得难分难舍了，只好草草地装在一块儿。钱被重新包好，黄宝又把它锁进抽屉。

吴响没做任何解释，想看看黄宝还能搞什么花样。黄宝倒是老实，领吴响洗了澡，又走进一个小酒馆。喝了酒，黄宝的眼球不再僵滞，摸着腮帮子说，你真狠啊，牙都活了。吴响扬扬手，亏你牙活了，要不我手背上的肉还不少一块儿？你咋像个娘儿们？黄宝说，吴响，你太欺负人了。吴响说，是你先寒碜的我，你把我看成啥人了？我凭什么要你的钱？钱都肯给我，为啥不敢说句真话，我只要你一句话！黄宝愁眉苦脸地说，我说什么你都不信，你要我怎么办？吴响说，你骗不了我。黄宝说，她的死和你有啥关系？你到底想干什么？声音里又露出几分绝望。吴响的神色茫然而决绝，干什么？我也说不清楚，我非知道不可。谁也吓不倒我，谁也拦不住我。我已经进了两次派出所，不问尹小梅的事，我也不会进那个鬼地方。不就是让我尝点儿苦头，再罚几个钱吗？我不怕。你可以再告诉毛文明，让他再想法子整我。除非把我投进牢，就算坐了牢，只要放出来，我还是要问。黄宝发誓，从没和毛文明说过。可他的目光虚软、无力，如一蓬永远晒不到阳光的草。吴响说，混了这么多年，把自己混成一个闲人。黄宝，你别嫌弃我，我要死心塌地在你店里上班了，工钱我不要，供我个吃住就行。黄宝说随你便，下意识地抚抚头。吴响说，放心，我没诋你的意思，你说出真相，我马上离开。黄宝轻声道，真相！真相在哪儿？吴响忍不住骂，在狗肚里。

　　睡觉成了问题，店里只有一张单人床。黄宝为难地说，大热天的，没法挤啊。打了一架，黄宝谦恭了许多，还有点儿无所谓。当然，这是表面上的，一个不经意的眼神，便滑出恼怒和焦灼。套黄宝的话，只有让他的忍耐达到极限，彻底崩溃。吴响也怕耗，他强迫自己拿出全部耐性。已经蹚到河中心了，必须咬牙走过去。吴响笑笑，咱俩轮着睡，一个前半夜，一个后半夜。黄宝一头躺倒，可他睡不着，翻来覆去地滚，滚到半夜，眼皮刚碰住，吴响拍拍他，该我了。黄宝气呼呼地说，你讲不讲理，这可是我的床。吴响说，咱们商量好的，你可不能耍赖。黄宝嘟嘟囔囔地起来，拽出鱼泡一样的哈欠。哈欠还没落完，吴响已扯出鼾了。黄宝气不过，故意搞出很大的声音，吴响依然睡得死死的。

白天，吴响拿个凳子靠在门口，打量着过往行人。他很容易就能分辨出哪些是城里的，哪些是刚从乡下来的。城里人也长不出三只眼，女人穿得露点儿，男人肚子挺点儿罢了。困了闭会儿眼，听到声音，冲屋里喊一声，有人。黄宝便出来了。到了吃饭时间，黄宝就领他去小馆子。吴响体恤地说，自个儿做吧，这么吃馆子太浪费。黄宝骂，吃他个狗日的。夜里还是轮着睡。熬了几天，黄宝毛了，夜里清醒得像水洗过，一到白天就犯困。他给吴响租了间房，让吴响搬到那儿住。

那屋子也就小半间，一张床，一卷行李。待住下，吴响的心忽然就沉了。黄宝竟然给他租房，这是要拉开架势打持久战了。黄宝宁可破费也不肯讲那句话。究竟有什么复杂的原因，让黄宝惧怕到这个程度？他畏惧毛文明，还是畏惧别的？吴响难以想象。吴响嘴上硬，心里也很急。耗到什么时候是个头？

一个阴沉沉的日子，一位妇女领着一个小女孩买了二斤杏。吴响盯着妇女的背影，一下感伤起来。活了半辈子，什么事都没干成。没娶过女人，没弄个像样的家，干的事都是别人让他干的，自己想干的没有。现在，他想按自己的意思干一件，一件简单的事，竟是这样困难。

徐娥子就在吴响阴郁的思绪中撞进他的视线。

吴响的目光抖了抖，想，怎么像徐娥子呢？她笑着过来，真是徐娥子。吴响一阵惊喜，但他控制住自己，淡淡地说，你怎么来了？

徐娥子说，我来找你。

吴响飘出一丝冷笑，又摆什么宴席了？

徐娥子脸色暗下去，可她的嘴巴依然那么快，吴响，就是有天大的仇，你也不能在大街上砍我的头吧。

吴响把徐娥子领到租住的小屋。他不能把她晾在街上，毕竟两人好了近二十年。徐娥子打量着——其实一眼就看遍了，你就住这儿？吴响说，有地儿住就不错了，总比坐牢强。徐娥子歉疚地说，我对不住你，当时……唉，说啥也没用了，我今儿来，任你打任你骂。吴响说，我哪敢哪。徐娥子猛地抱住吴响，你受了委屈，我也难过呀。吴响推推她，这可是县城，警察随时都会闯进来。徐娥子的声音铮铮硬了，吴响，我知道你不是小肚量男人，要不也不敢来找你。我后悔了，后悔透了，我由你罚，你还想怎样？你不理我？算我贱！吴响一下抱紧她。说得没错，他不是小肚量男人，不记仇。说到底，他还恋着她。

徐娥子住了一夜，第二天走的时候，掏出两千块钱，她说这是你的，还给你。吴响让她拿回去，到三结巴酒馆结一下账。三结巴两口子每天不知吵几架呢，吴响可不想让他俩反复嚼他。徐娥子问吴响什么时候回去，其实夜里已经问好几遍了。吴响明白她的意思，再次说，等弄清楚就回去。徐娥子说，我还赶不上一个死人？吴响说，这是两码事。徐娥子叹口气，提醒他多长个心眼儿，别再撞进套子。

徐娥子的话让吴响想到了毛文明。这么长时间过去了，为什么没人找他的碴儿？揪他的辫子？是黄宝没再通报，还是毛文明已经不再把他当回事？这个谜底——如果算谜底的话，几天后解开了。

那天，吴响经过医院门口，意外地碰上了毛文明。毛文明正住院呢。见吴响疑惑，毛文明解释，没啥大病，就是肝出了点儿问题，喝酒喝的。毛文明问，听说你还在调查那件事？吴响点点头。毛文明摇头，你的脑子真有问题了。吴响说，我还没到住院的份儿上。

　　到了晚上，吴响忽然想去医院看看，顺便探探毛文明的口风。他从来没问过毛文明，为什么不问问他？

　　毛文明正看电视，看见吴响也不意外，点点头，让他坐。过了一会儿，毛文明关了电视，问，找我有事？吴响稍一迟疑，干脆不绕弯子了，我还想问问。毛文明笑笑，我猜你就会来，好歹你在我手下干过，我不计较你，你不用再折腾了，我全告诉你。尹小梅确实是发病死的，送往医院途中就不行了。这不是秘密，也没想瞒谁，人死就按死的处理，依你还能怎样？吴响说，我不信，她是病死的，为什么焦所长也在现场？毛文明火了，你什么意思，怀疑是我整死的？你去调查吧，没人拦你，看你能调查出什么？白的就是白的，黑的就是黑的，你一个农民能把黑白颠倒了？我不过可怜你，你倒上脸了！

　　吴响悻悻离开。他调查与否，毛文明似乎已不太看重。果如毛文明说的，是他胡乱猜疑？还是毛文明已经看出，吴响再折腾也溅不起水泡？吴响琢磨着毛文明的话，突然想出个主意，何不诈诈黄宝？在这次事故中，真正的主角是吴响和黄宝。只有他俩因尹小梅的死而留下了阴影，只不过黄宝掩盖住了。黄宝绝不可能像毛文明那么坦然，吴响再用把劲儿，黄宝没准就吐出来了。

　　黄宝已经睡了，他嘟嘟囔囔地打开门，又歪在床上。吴响大声说，我知道尹小梅怎么死的了！黄宝打个激灵，猛地坐起，紧张地盯着吴响。吴响迎视着他，我见到毛文明了，我刚从他那儿来，他住了院，把什么都告诉我了。黄宝的脖子抻长了，眼球渐渐变硬，哆嗦着问，她怎么……吴响激愤地说，你凭什么问我？事情早就过去了，毛文明都说了，你这个胆小鬼，还想烂在肚里，亏你和尹小梅做了这么多年夫妻，还给她编派出一个心脏病。黄宝红着眼催促，你倒是说呀。吴响冷笑，想考我？我偏不说。黄宝的头耷拉下去，我真不知道她是怎么死的，我没见上她的面，医生说啥我就信啥，我心里也犯嘀咕，可不敢问，我害怕问。我以为处理完，事儿就过去了，等你找来，我才知道不是这样的。从你来那天我就做噩梦，我不是怕你，我是怕……如琴弦突然绷断，余音不绝。

吴响目瞪口呆。没想到是这样。黄宝不是不告诉他，而是不清楚。他的躲闪和惊慌是因为再无法糊涂下去。吴响很恼火，因此没告诉黄宝刚才的话是编的，让黄宝折磨自己吧。

吴响走时，黄宝依然反复念叨，我怕呀，我是怕呀……

第二天，吴响起晚了些。尹小梅的死，怕是再也搞不清了。他心情灰暗，就像暴雨将至的天空。吴响不想再折磨黄宝了，得告诉黄宝，夜里是诓他。黄宝愿意糊涂就糊涂吧。只是，吴响总有些不甘心。

果品店门敞着，黄宝不见踪影，几只苍蝇倒是忙活得飞出飞进。吴响等了半天，还是不见黄宝。胡乱猜疑一番，直到半上午才听说，黎明时分，一个男人在大桥上撒了一大把钱，然后跨过栏杆跳下去了。吴响的心迅速沉下去，冲到大桥上。正是雨季，浑浊的河水如野马脱缰，滚滚而去。但愿那个人不是黄宝。尹小梅的死，已把吴响压得喘不过气，如果黄宝再出事，吴响会被碾成碎末。

吴响沿着河边疾走，目光是焦急的，而心是忧伤的。他只想问个清楚，没别的意思；难道，他真的错了？

《当代》2006年第4期